Hans-Jürgen Spieß / Peter Wernicke · Serrahn – Weltnaturerbe im Müritz-Nationalpark

Rangsdorf

Natur+Text

Hans-Jürgen Spieß und Peter Wernicke

Serrahn – Weltnaturerbe im Müritz-Nationalpark

Gedruckt mit freundlicher Unterstützung von:

der Ursula-Merz-Stiftung Berlin
der Gesellschaft für Naturschutz und Landschaftsökologie e. V. Kratzeburg
der GTA-Geoservice GmbH Neubrandenburg
Frau Ilse Jaszcz, Klein Vielen
Frau Dr. Regina Spieß, Klein Vielen

Bibliographische Information der Deutschen Nationalbibliothek
Die Deutsche Nationalbibliothek verzeichnet diese Publikation in der Deutschen Nationalbibliographie; detaillierte bibliographische Daten sind im Internet über https://dnb.d-nb.de abrufbar.

Serrahn – Weltnaturerbe im Müritz-Nationalpark
Hans-Jürgen Spieß / Peter Wernicke
Rangsdorf: Natur+Text 2013; 156 S.; 24 x 22 cm
ISBN 978-3-942062-07-7

Friedensallee 21, D-15834 Rangsdorf, Tel. 033708 / 20431
verlag@nut-online.de; www.naturundtext.de
Layout und Satz: Reinhard Bär
Gesetzt aus der Myriad Pro und Adobe Garamond Pro
Druck und Bindung: Westermann Druck Zwickau GmbH
Gedruckt auf Profisilk 150 g

ISBN 978-3-942062-07-7

Foto rechte Seite: Zwergschnäpper

Inhalt

Vorwort

Der kleine Ort Serrahn mit seinen wenigen Einwohnern bietet kaum Anlass für die Veröffentlichung eines Buches. Doch der Ortsname steht auch für eines der wertvollsten und beeindruckendsten Naturschutzgebiete Deutschlands, den über sechstausend Hektar großen östlichen Teil des Müritz-Nationalparks. Die alten Buchenwälder um Serrahn wurden im Sommer 2011 in die Welterbeliste der UNESCO aufgenommen. Die Wurzeln des Schutzgebietes lassen sich bis in das 19. Jahrhundert zurück verfolgen, als der damalige Großherzog Georg von Mecklenburg-Strelitz in den Wäldern des Gebietes aus jagdlichen Gründen einen Wildpark einrichtete. Nach dem Zweiten Weltkrieg wurden große Bereiche zum Naturschutzgebiet und mit der politischen Wende 1990 Teil des Müritz-Nationalparks. Der Wald mit seinen mächtigen Buchen, wie sie sonst kaum noch in Deutschland zu finden sind, kann sich natürlich entwickeln. Er vermittelt den Eindruck eines Urwaldes, wie er in Mitteleuropa einst weit verbreitet war. Heute gibt es solche Wälder in Europa kaum noch und dies war der Anlass, sie in die Weltnaturerbeliste aufzunehmen.
Dass das möglich wurde, ist der Verdienst vieler Personen, die mit den unterschiedlichsten Aufgaben und Absichten in Serrahn wirkten. Durch ihre Tätigkeit haben sich die Wälder, die vielfältigen Moore und klaren Seen sowie eine artenreiche Tier- und Pflanzenwelt bis heute erhalten. Sie bilden in ihrer Verzahnung einen besonders wertvollen und schützenswerten Naturraum und vermitteln einen Eindruck davon, wie die norddeutschen Lebensräume unter natürlichen Verhältnissen aussehen würden.
Die wesentlichen Entwicklungsabschnitte vom Wildpark zum Nationalpark, die Besonderheiten der Natur des Serrahner Gebietes, dessen Bedeutung als Gegenstand der Naturschutzforschung und das Wirken von Personen und Institutionen wie der Biologischen Station sind Themen des Buches.
Es soll zugleich einen Beitrag leisten zur Unterstützung der Umsetzung der Weltnaturerbeverpflichtung und nicht zuletzt auch Anregungen für naturkundliche Wanderungen durch die ausgedehnten Wälder entlang von Seen und Mooren geben sowie Verständnis für das Schutzziel Serrahns wecken.

Seite 8: Blick über das Serrahnbruch auf die mit Buchenwäldern bestandene Endmoräne, an deren Rand sich die Gebäude der kleinen Siedlung Serrahn befinden.

Der Wildpark Serrahn und das Schweizerhaus (von W. Karbe geschrieben im November 1941)

Ein Wort zum Verständnis

Im ersten Abschnitt kommt mit dem Heimatforscher Walter Karbe ein Autor zu Wort, dessen Wirken in besonderer Weise dem Serrahner Gebiet verbunden ist. Seine Texte aus dem Jahre 1941 zur Beschreibung des Gebietes, seiner Flurnamen und naturkundlichen Besonderheiten sind ein einmaliges historisches Zeugnis und geben einen hervorragenden Eindruck vom damaligen Zustand des Gebietes. Er fand und untersuchte zwischen 1939 und 1955 die alte Dorfstelle Saran und entwickelte so eine starke Beziehung zum Gebiet des heutigen Nationalparkteils Serrahn. Die ungewohnte, altmodische Sprache Karbes versetzt den Leser oder jetzigen Besucher von Serrahn zurück in die Vergangenheit und vermittelt dabei einen Eindruck der Entwicklung der letzten 80 Jahre, wie es kein moderner Text vermag. Viele der Flurnamen und Sachverhalte, die Karbe beschreibt, werden in den anderen Abschnitten aufgegriffen.

Dort wo der sogenannte Strelitzer Bogen, welcher zur nördlichen der beiden baltischen Endmoränen gehört, seine größte Breite erreicht und am weitesten nach Süden vorstößt, liegt der Wildpark (*Serrahn – d. Autoren*). Daher kommt es, dass dies Waldrevier als ein geologisches Schulbeispiel für die Ausbildung und das Aussehen von Endmoränen dienen kann. Die Vielgestaltigkeit, starke Kuppierung und Steilheit der Rücken und Kuppen, verbunden mit einer sehr starken Steinbestreuung, heben den Moränenzug deutlich und klar aus dem Umland heraus. Wie jeder Endmoränenzug, so wird auch der unsrige an einer ganzen Reihe von Stellen durchbrochen und zwar sind das diejenigen Stellen, an denen sich einst das Schmelzwas-

Der am 9.04.1877 in Trechwitz bei Brandenburg geborene **Walter Karbe** war nach verschiedenen Tätigkeiten in Deutschland und Schweden ab 1914 Bibliothekar und Konservator in Neustrelitz. Zahlreiche Grabungen, Studien und daraus entstandene Veröffentlichungen machten ihn zu einem renommierten Heimatforscher der Region. 1941 wurde er Naturschutzbeauftragter im Kreis Stargard. 1945 am Ende des Zweiten Weltkrieges schützte er unter Einsatz seines Lebens die Landesbibliothek in Neustrelitz. 1947 begann er seine heimatgeschichtlichen und volkskundlichen Untersuchungsergebnisse in der „Kulturgeschichte des Landes Stargard von der Eiszeit bis zur Gegenwart" niederzuschreiben (2009 wurde dieses umfassende Werk von G. Tschepego und P. Schüßler herausgegeben). Am 25.10.1956 starb W. Karbe in Neustrelitz. Sein Nachlass wird im Karbe-Wagner-Archiv in Neustrelitz aufbewahrt.

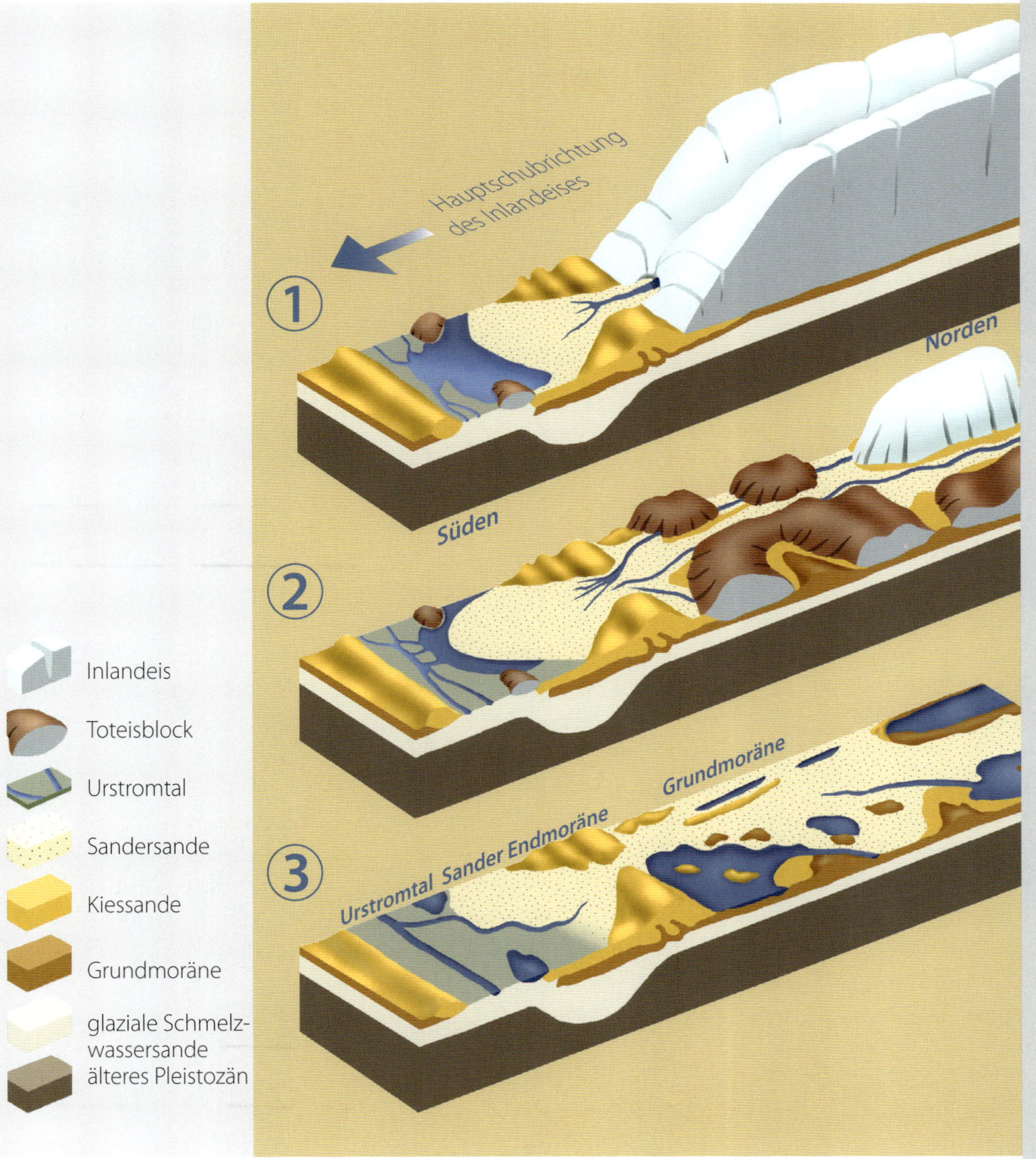

Eisvorstoß im Serrahner Gebiet

Vor etwa 400.000 Jahren kam es zu einer starken Abkühlung des Klimas. Gewaltige Eismassen bildeten sich und drangen mehrfach von Skandinavien kommend bis in den nord- und mitteldeutschen Raum vor. Die mehrere hundert Meter hohen Gletscher führten Erde, Steine und Geröll mit und schoben dieses Material vor sich her. Der letzte große Eisvorstoß, der vor etwa 115.000 Jahren begann und vor 10.000–12.000 Jahren endete, drang bis in das heutige Serrahner Gebiet vor. Kamen die Gletscher zum Stillstand, blieben vor dem Eisrand als Endmoränen bezeichnete Erhebungen zurück. Das Zurückweichen des Gletschers erstreckte sich über Jahrhunderte. Infolge von Klimaschwankungen kam es zu wiederholten Vordring- und Rückzugsphasen des Eises. Dabei bildete sich die stark gegliederte, bei Serrahn bis zu 2 km breite Endmoränenlandschaft aus. Teilweise erhebt sich diese Hügelkette mehrere Dutzend Meter über die umliegenden Flächen. Die Böden, die sich unter dem Gletscher befanden, werden als Grundmoränen bezeichnet. Das beim Auftauen der Gletscher abfließende Wasser spülte im Bereich der Gletscherzungen häufig tiefe Rinnen aus, die sich später mit Wasser füllten. So haben die Kräfte der Eiszeit eine abwechslungsreiche Landschaft geformt, die sich durch eine Vielfalt an Lebensräumen auf engem Raum auszeichnet.

ser durch die Gletschertore hindurch in das Vorland ergoss. Unter der Eisdecke schmolz immer etwas Eis ab. Die Schmelzwässer sammelten sich in unter dem Eis liegenden Rinnen, die in die hinter der Endmoräne liegende Grundmoräne eingeschnitten und mit Sand ausgefüllt werden konnten, und flossen durch Gletschertore hindurch nach außen ab. Im Wildpark selbst findet sich das schöne Beispiel eines solchen Tores, das einen Durchbruch durch den Strelitzer Bogen darstellt, am Südende des Schweingarten Sees bei der Willerts Mühle, ein zweiter in unmittelbarer Nähe seines Ostrandes bei der Steinmühle. Nimmt man hierzu noch die verschiedenen Gewässer, die der Wildpark umfasst, sowie die vielen, zwischen den Rücken und Kuppen eingebetteten kleinen alluvialen *(mit erdgeschichtlich jungen Ablagerungen gefüllten – d. Autoren)* Senken, in denen entweder Wasser, Abschlämmmassen oder humose Bildungen enthalten sind, so wird der landschaftliche Reiz dieser Gegend ohne weiteres klar.

Moorpflanzen: Obere Reihe von links: Sumpfporst, Moosbeere, Wasserfeder, Schlangenbärlapp, Weißes Schnabelried.

Von den Gewässern innerhalb des Wildparks sind Serrahn- und Schweingarten-See die bedeutendsten. (...)

Seit dem Straßenbau nach Woldegk, wegen dessen der Wasserspiegel des Serrahn erheblich gesenkt wurde, besteht der Große Serrahn jetzt aus zwei getrennten Wasserflächen, während der Kleine schon fast zugewachsen ist. Erhebliche Verlandungen haben sich gebildet, die meist Schwingrasen bilden und mit ihrem teilweise abgestorbenen Bestand von Moorkiefern einen eigentümlichen Anblick gewähren.

Über die hier sich findende interessante Pflanzengemeinschaft hat der Neustrelitzer Botaniker Carl Kraepelin im Jahr 1871 folgendes veröffentlicht: „Sind die ausgedehnten Sumpfwiesen an der Lieps im Allgemeinen noch gut passierbar, so kann man von den Morästen der Serrahnschen Seen nicht dasselbe behaupten, vielmehr sind die Mäher genötigt, durch lange neben einander gelegte

Der Schweingartensee ist etwa 2 km lang und in mehrere große Becken gegliedert. Das Bild zeigt den See im Jahr 1998.

Stangen sich Zugang zu dem üppigen Graswuchs dieser weiten Moorflächen zu verschaffen. Hier nun ist es, wo sich die Sumpfflora in ihrer ganzen Pracht entfaltet, wo in manchen Jahren alles übersäet ist von blühenden Meesien, wo Sphagnum subsecundum und squarrosum (*Torfmoosarten*), sowie Hypnum trifarium (*Laubmoosart*) in üppigster Weise fruktifizieren. Vor allen Dingen jedoch sind es die hier vorkommenden Gefässpflanzen, welche unser Interesse erwecken. Am Rande der Seen wetteifern Lycopodium annotinum *(Sprossender Bärlapp)* und Selago (*Tannenbärlapp*) in massigem Auftreten, während im Inneren des Moores Lycopodium inundatum (*Sumpf-Bärlapp*), Vaccinium oxycoccos (*Moosbeere*) alle Drosera- (*Sonnentau*) und 3 Untriculariaarten *(Wasserschlauch*), Cladium (*Binsenschneide*), Rhynchospora alba (*Weißes Schnabelried*), Eriophorum alpinum (*Alpenhaargras*) und Malaxis (*Einblatt*) abwechselnd den Vorrang behaupten."

Der Schweingartensee ist ausgezeichnet durch seine buchtenreiche Gestaltung, beruhend auf einer Anzahl von Halbinseln, deren drei hauptsächlichste Buch-, Lind- und Steinwerder genannt werden. Der letztere, langgestreckt und schmal, stellt mit seinen steinigen Buckeln einen untergetauchten Drumlingszug dar. Drumling ist ein nordisches Wort und bezeichnet einen länglichen bis oval-schildförmigen Rückenberg, der ungefähr senkrecht zur Endmoräne steht und im Querschnitt meist einen Sand- oder Kieskern unter einer Decke von Geschiebemergel zeigt. Der Steinwerder trägt seinen Namen zu Recht, denn auf ihm, namentlich an seiner höchsten Stelle, sind dieselben von den Steinschlägern, die anderwärts im Wildpark böse gehaust haben, durch ihre Lage gesichert, verschont geblieben. Ein besonders großer Block steckt allerdings gerade gegenüber in der Uferwand und auch der Lindwerder hat eine Anzahl Steine noch behalten, aber sonst ist von dem Geschiebereichtum des Reviers im Vergleich zu früher nicht mehr viel zu spüren und von so manchem stattlichen Findling zeugt nur noch ein Loch im Boden nebst herumliegenden Abfallstücken.

Von Süden erstreckt sich der Hinnensee, eine Bucht des Großen Fürsten-Sees in den Wildpark hinein, indem er durch den sogenannten Schwimmzaun gewissermaßen nach Aussen abgeriegelt ist.

Dicht neben ihm liegt der Güster-Pohl, so benannt nach den Fischen, die im Volksmund sonst „Breeden" (Breite) heissen und nicht sehr geschätzt werden, aber wohl allerwärts vorkommen.

Ein anderes kleines Gewässer ist der Schwarze See östlich vom Schweingarten, romantisch, abgelegen und still, mit starker Verlandung und grotesken Uferbäumen, ein Motiv für Maler und Lichtbildner.

Zwischen dem Großen Serrahn und dem Thurower Heckenhaus liegt der Scharmünzel-See, kaum noch sichtbar, aber vermittels eines gewaltigen Durchstichs mit dem Kiebitz-Moor verbunden. Bei diesem letzterem hat die Verlandung von der Mitte aus begonnen und das Wasser bildet einen Ring um die so entstandene Insel. Kiebitze lassen sich hier jedoch nicht sehen, sie lieben solche eingeschlossenen Waldmoore nicht. Von diesen wäre noch zu nennen das Buhlblagen-Bruch, dessen eigenartiger Name von einer auch Drunkelbeere genannten *Vaccinium*-Art herkommt, deren Früchte aber als menschliche Nahrung nicht verwendet werden. Dicht dabei liegt der Grosse Rieg und die Duwichs Wiese. Duwich (Duwock) ist der Schachtelhalm oder Kattenstert, der als lästiges Unkraut auf Wiesen und Äckern zu finden ist. Auch ein Teufelsbruch gibt es hier in der Nähe, ein anderes in der Nordecke des Wildparks beim Priester-See und dieses wiederum reicht direkt an das Kotzenbruch heran. Letzteres steht mit einem Bächlein in Verbindung, Kotzengraben genannt, der das Wasser der Bergfelder Feldmark in das Bruch und von da in den Schweingarten führt. Dieses Bächlein enthält zwar meistens nicht viel Wasser, sein Bett ist aber ziemlich tief eingeschnitten und zum Glück noch nicht „korrigiert", sodass es sich in mannigfaltigen Windungen durch den Buchenwald zieht, was einen erfreulichen Anblick gewährt.

Die für den Wildpark so charakteristischen tiefen Senken, von denen schon die Rede war, sind ursprünglich mit Eisblöcken ausgefüllt gewesen, die, von dem eigentlichen Gletscher getrennt, als Toteis sowohl an der Oberfläche lagen, als auch eingeschlossen und von Sand, Lehm und

Der Kotzengraben führt seit Jahrhunderten Wasser aus der Bergfelder Feldflur über das Kotzenbruch (früher Kossätenbruch genannt) dem Schweingartensee zu. Die mitgeführten Nährstoffe und das braune Moorwasser haben zu starken Beeinträchtigungen des ehemaligen Klarwassersees geführt.

Geschieben überdeckt gewesen sind. Diese Eismassen sind nur langsam ausgeschmolzen und haben dabei natürlich auch die Oberflächenform der Endmoräne verändert. Eines der bemerkenswertesten dieser Löcher, die vom Eis ausgefüllt gewesen sein können, ist der Mückengrund westlich von Serrahn, der mit seiner Tiefe und Steilheit ein beachtenswertes Bild bietet. Früher hielt man diese Senken für Strudellöcher (Evorsionen), verursacht durch herabstürzende Schmelzwässer, doch davon ist jetzt nicht mehr die Rede. Steigen wir aus den Gründen auf die Höhen, so können wir es gleich südlich vom Forsthaus auf 121,4 m bringen und früher ging es noch 20 m höher, denn hier stand einstmals ein Turm, von dem man eine erstaunliche Umschau hatte. Der „Mittagsbaum" auf dem Zierker Felde, weit hinter Neustrelitz, war deutlich zu

In einer Urkunde aus dem Jahr 1343 wird erstmalig ein Dorf Saran erwähnt. In dieser wird dokumentiert, dass Fürst Albrecht von Mecklenburg dem Kloster Wanzka alle Rechte an den Dörfern Thurowe, Saran und Brughowe verkauft. Von der Klosteranlage Wanzka ist die Kirche erhalten geblieben.

erkennen. Über hundert Meter erheben sich ferner noch der Steiner-, Luchsen-, Zell- und Wurzelberg.
Nachdem nunmehr die Voraussetzung für das Weitere gegeben ist, wollen wir sehen, was für Ereignisse sich auf dem beschriebenen Grund und Boden abgespielt haben. Die ersten Spuren menschlicher Tätigkeit dürften bis in die mittlere Steinzeit zurückreichen. Aber sie sind äusserst schwach und finden sich in Gestalt von Feuersteinabfällen und Bruchstücken kleiner Schalen. (...)
Mit der Bronzezeit sieht es schon anders aus. Von den Rollbergen bei Koldenhof an finden sich, dem Zuge der Endmoräne folgend, viele Hügel, von denen so mancher zweifellos ein Grab der mittleren Bronzezeit ist. Südlich von Goldenbaum werden solche Hügel auf der Karte Hünengräber genannt und auch der Hünberg findet sich dort verzeichnet. So ist wohl anzunehmen, dass die Kette noch weiter bis in den Wildpark reicht, denn ganz ähnliche Hügel finden sich dort gleichfalls. Aber es ist oft schwer, natürliche Moränenkuppen von Grabhügeln zu unterscheiden; auch ist mancher Hügel, obwohl sicher von Menschenhand geformt, doch völlig fundleer und muss die Bedeutung eines Denk- oder Ehrenmales gehabt haben. Die auf die Germanen in einigem Abstand folgenden Wenden machen sich gleichfalls bemerkbar. Wendische Topfscherben finden sich wiederum in der Eiskellerecke. Teilweise noch erhaltene Herdstellen wurden auf dem Dianenhöfer Försteracker am Abhang des Schlesersees untersucht. Auch gibt es solche auf dem Steinwerder, wo Spuren unbefugter Grabung noch sichtbar sind, und endlich finden sich Scherben, zunächst auf Maulwurfshaufen, gelegentlich der Suche nach der Dorfstätte am jetzt verlandeten Südende des Großen Serrahn im Bereich der neuen Försterkoppel. Indessen hatte der gefällige Maulwurf nicht nur wendische Scherben herausgebracht, sondern auch jüngere vom sogenannten Kolonialtyp, wie man sie auf den im Kreise Stargard auch sonst vorkommenden Dorfstätten zu finden pflegt.
Im Waldgelände unter Laub oder Moos lassen sich solche schwer feststellen, jetzt aber hatten Kahlschlag und Maulwurf die nötigen Voraussetzungen gegeben und die Entdeckung war gemacht.
Im Jahre 1343 verkaufte Fürst Albrecht von Mecklenburg unter Zustimmung seines Bruders Johann dem Kloster Wanzka alle fürstlichen Rechte in den Dörfern Thurowe, Saran und Brughowe. In Urkunden aus den Jahren 1408 und 1427 heist das zweite dieser Dörfer „to deme Sarne, tome Sarane, to deme Tzarane“. Dies Wort, auch in der Form Seran, Zeran und ähnlich, kommt in niederdeutschen Urkunden zuweilen vor und soll die durchlöcherte

Bei der Anlage einer neuen Viehkoppel für die Tiere des Försters am Ufer des Haussees entdeckte Walter Karbe 1939 Tonscherben, die auf eine menschliche Siedlung hindeuteten. In jahrelanger Arbeit führte er Grabungen durch und legte dabei Reste des alten Sarans frei. Heute kennzeichnet ein Gedenkstein am Wanderweg von Zinow nach Serrahn diese Stelle.

Kiste bedeuten, in welcher Aale aufbewahrt werden. In einer lateinischen Urkunde des Mittelalters heisst es „gurgustium theutonice zerran“, muss hier aber den Sinn von Aalwehr oder Aalfang haben. Cicero jedoch versteht unter gurgustium nur ganz allgemein eine Bude und so geht es denn hier wie so oft mit Namenserklärungen: man weiß nichts Rechtes damit anzufangen, zumal da in unserem Serrahn der Aalfang wohl kaum jemals irgendwelche Bedeutung gehabt hat.

Es wurde bisher immer angenommen, dass Saran und Brughowe in den Kämpfen zwischen Mecklenburgern und Märkern um das Jahr 1440 untergegangen seien, während Thorowe bekanntlich noch vorhanden ist. Von Brughowe ist bisher irgendwelche Spur noch nicht gefunden worden, Saran aber musste nach dem Scherbenbefund am ehemaligen Westufer des südlichen Seezipfels gelegen haben und an einer Stelle, die etwas zu versprechen schien, wurde der Spaten angesetzt.

Nach und nach wurde eine Steinpackung freigelegt, die in einer zum Teil stark gebrannten Lehmbettung lag, während sich über das Ganze das Wurzelwerk einer etwa 170-jährigen Kiefer erstreckte, von der sonst nur der Stumpf noch vorhanden war. Nachdem alles sorgfältig herauspräpariert war, konnte ein Zweifel darüber nicht mehr bestehen, dass man hier auf das einzige, sozusagen „monumentale“ Bauwerk des Ortes, nämlich den Backofen gestossen war. Denn eine Kirche oder Burg hatte das alte Saran nicht gehabt, die Häuser aber waren fundamentlose Lehmkaten, die nichts Dauerhaftes darstellten, zum Bau des Backofens, der ja in früheren Zeiten eine bedeutende Rolle spielte, waren jedoch ansehnliche Feldsteine verwendet worden, die durch den zusammengestürzten Lehmoberbau besonders fest verbunden waren. Von den Einzelheiten der „Architektur“, dem Ofenloch etc. war freilich nichts mehr zu erkennen, es war alles ein Klumpen, seine Bedeutung aber war klar. (…) In dem Sande nun, bis zu 3/4m Tiefe, wo er ganz hell war, lagen Scherben, zwar meist vereinzelt, aber sorgfältiges Graben und späteres Durchsuchen des Abraumes brachte doch eine erhebliche Menge zusammen. Wendische Scherben gab es nur wenige, desto mehr aber von dem unglasierten Geschirr des endenden Mittelalters. Soweit entsprach der Befund dem auch sonst von Dorfstätten her bekannten, hier aber kamen auch glasierte Scherben und Reste von Glasflaschen oder Gläsern hinzu, die naturgemäß meist zuoberst lagen. Sonst gab es noch Hüttenlehm; von Metall nur einen ganz verrosteten Eisenhaken, sowie ein Knöpfchen.

Maulwurfshaufen gaben Veranlassung zu einer weiteren Grabung etwa 80 Schritt nördlich des Backofens. Hier wurde eine Steinsetzung entdeckt, die zum Teil durch eine Art von Diele aus stark gebranntem Lehm umfasst war. Darüber lag vermutlich durch Asche sehr dunkel gefärbte Erde. Die Steinsetzung bildete ein Oval von 2:3 m Durchmesser und lässt sich nur als ein Herd deuten, wie man sie in den ältesten Häusern der Lüneburger Heide, die jetzt meist in Heimatmuseen umgewandelt sind, zu sehen bekommt. Der unsrige aber ist von der primitivsten Form und gehörte wohl zur Einrichtung einer größeren Hütte, die zusammen mit anderen, den Ort Serrahn bildete, der auf wendischen Ursprung zurückgeht, denn dicht bei der Steinsetzung und auch weiterhin am alten Seeufer wurden ansehnliche wendische Herdgruben festgestellt, die bis anderthalb Meter Tiefe hinabreichten. Durch die Kolonisation wurde der Ort deutsch, kann aber nicht schon 1440 untergegangen sein, sondern muss noch etwa 200 Jahre länger bestanden haben, obgleich darüber aus Akten und Urkunden bisher nichts bekannt geworden ist.

Versuchen wir uns in die Zeit des alten Serrahn zurück zu versetzen, so dürfen wir kaum annehmen, dass der Wald schon seine heutige Beschaffenheit hatte. Abgesehen von einzelnen reinen Buchenbeständen wird ein lichter Eichenmischwald vorgeherrscht haben und überall spielten

Waldweide und Schweinemast die Hauptrolle, während der Ackerbau wegen des ungünstigen Hügelgeländes nur nebenbei betrieben wurde. Aus dieser Ritter- oder Fehdezeit stammen die Schanzen, die den Durchgang zwischen Schweingarten- und Schleser-See sperren. Erhalten sind im Walde drei Stücke von 60, 160 und 320 m Länge, von zwei kleinen Sümpfen unterbrochen. Sie bestehen grösstenteils aus vier Wällen mit beiderseitigen Gräben, welche am Hange übereinander liegen, nur ein kleines Stück des längsten Teils ist auf zwei flachliegenden Wällen zusammengezogen. Der gerade Verlauf der Wälle ist immer in Abständen von etwa 50 m durch ein kurzes, nach rechts zurückspringendes Doppelknie unterbrochen, sodass eine Zickzackform entsteht. Solche Schanzensysteme

Am Schweingartensee sind noch immer die sogenannten Schanzen oder Landhemmen zu erkennen. Sie wurden im Mittelalter als Schutz vor Raubzügen errichtet.

fallen wohl zuweilen mit der Landes- oder Gauengrenze zusammen wie z. B. bei der berühmten Iserpurt zwischen Hohenzieritz und Penzlin, aber sie wurden auch innerhalb

Ab Mitte des 18. Jahrhunderts existierte am Südende des Schweingartensees eine Loh- und Schneidemühle später auch Getreidemühle. Diese war unter den verschiedensten Namen bzw. Bezeichnungen wie Cohnsmühle, Judenmühle, Willertsmühle oder auch Mühle in den Serrahnschen Bergen bekannt. Das Foto zeigt ein Nebengebäude, das bis Mitte des 20. Jahrhunderts bestand. Heute erinnern nur noch Mauerreste und Obstbäume an das ehemalige Mühlenanwesen.

des Landes aufgeworfen wie hier, da sie in der Hauptsache als Hemmen gegen die Raubzüge jener fehdelustigen Zeit dienen sollten. Damals legte man weniger Wert auf Kampf als auf Plünderung und Beutemachen. Nach einem geglückten Raubzug gab es jedoch wegen der schwer beladenen Wagen und der Viehherden bei den Hemmen jedes Mal Aufenthalt, inzwischen konnten sich die Beraubten sammeln und hatten Aussicht, bei den Hemmen ihre Feinde einzuholen und ihnen von der Beute wieder etwas abzujagen. (…) Nach dem Verschwinden des alten Serrahn muss hier etwa anderthalb Jahrhunderte lang eine grosse Einsamkeit geherrscht haben, denn die um 1780 entstandene Schmettausche Karte verzeichnet nur Wald in dieser Gegend, von den uns heute wohlbekannten Forsthäusern findet sich noch keine Spur. Jedoch sehr bald darauf regte sich neues Leben, denn aus dem Staatskalender von 1786 geht hervor, dass im „Zerranschen Berge" der Holzwärter Hobe wohnt. 1801 und 1802 heißt sein Wohnsitz „Zerrahnsche Berge, ehedem Vogelsang". (…)
Einige Zeit später wird auch wohl die Willerts-Mühle entstanden sein. Eine alte Nachricht darüber besagt: „Dies war eine Lohmühle und es wurde hier Eichenrinde gemahlen, doch wurden auch Bretter geschnitten, der Müller hiess Willert und war jüdischer Herkunft, doch

es gab bereits 1822 hier den Mühlenmeister P. Cohn aus Strelitz." Hiermit verhält es sich nun so, dass Cohn sich taufen ließ und fortan sich Willert nannte. (...)
Die Wasserkraft lieferte der Abfluss des Schweingartensees und dieser soll bisweilen so stark gewesen sein, dass das Wasser brausend über das Wehr schoss. Jetzt ist meist sehr wenig Wasser im Mühlgraben, der Betrieb längst eingestellt und die noch vorhandenen Gebäude werden von Forstarbeitern benutzt. Denn das eigentliche Müllerhaus brannte 1838 ab. Auf dem Acker ist die Stelle am Mauerschutt noch zu erkennen. Auch glasierte Scherben und dgl. finden sich dort.
Die Wiesen unterhalb der Mühle, ehemals Teiche heißen „Pian" ein Wort dessen Bedeutung wohl noch nicht klargestellt ist. (...)
Eher lässt sich noch die schon erwähnte Bezeichnung Kotzenbruch deuten, es hatten nämlich früher die Carpiner Kossäten das Recht dort Heu zu werben und daraus ist das Wort entstanden. Mit den Hausstellenbrüchern rechts am Wege vom Forsthaus nach Carpin mag es sich wohl ähnlich verhalten. Beziehungen zum alten Dorf Serrahn sind jedoch wenig wahrscheinlich. (...)

Zum Schweingartensee äußert sich Karbe unter Bezug auf Wossidlo:
Swina Gora aber bedeutet „Heiliger Berg", und dieser müsse also mit dem See in engster Verbindung gestanden haben. Es ist nicht unwahrscheinlich, dass der Lindwerderhügel, auf dem der Rest einer uralten Linde noch steht, gemeint ist. Er lässt sich zwar an Umfang und Höhe in keiner Weise mit anderen heiligen Bergen des Landes, wie dem Keulenberg im Zechow oder dem Wahrsberg bei Grünow vergleichen, aber der durch Überlieferung bis in die neueste Zeit als Kultstätte bekannte „Franzberg" bei Jüterbock sieht fast ebenso aus wie der Lindwerderhügel und ist keineswegs umfangreicher. (...)

Das Schweizerhaus

Der von 1816–1860 regierende Großherzog Georg war zwar kein Soldat, aber ein Jäger und die wildreichen Serrahner und Lüttenhäger Reviere hatten es ihm besonders angetan. Die Domänenpächter am Rande des Waldes mussten ihm während der Jagdzeit immer ein Quartier zum Übernachten bereit halten. An einem Spätherbstabend des Jahres 1830 jedoch, so meldet die Legende, soll es gewesen sein, da der Großherzog, von langer Pirschfahrt müde, einen Platz entdeckte, von dessen stiller Anmut und Geborgenheit er seltsam berührt wurde. Ein eigenes Heim an dieser Stelle zu haben, schien ihm wünschenswert und so entstand bis zum Jahr 1833 das „fremde Haus im Vaterland", wie er es selbst nannte, nämlich im Schweizer Stil, der zwar wenig in eine mecklenburgische Waldlandschaft passte, aber immer noch besser war, als wenn es etwas Chinesisches geworden wäre, was ja bei der damaligen Geschmacksrichtung auch nicht unmöglich war. Das in der Hauptsache als Jagdhaus gedachte Gebäude ist eine Schöpfung des Baurats Buttel, der die vom Grossherzog geforderte innige Verschwisterung mit der sich in malerischen Wechsel romantisch darbietenden Natur gut zu Stande gebracht hat. (...)

Die Anspruchslosigkeit des Fürsten offenbart sich dem Besucher des schlichten Sommersitzes im Serrahner Walde in ergreifender Weise. Die Abmessungen der Räume sind sehr gering. Da ist das Wohn- und Arbeitszimmer. Alles von fast puri-

1833 wurde am Berghang bei Serrahn das als Schweizerhaus benannte Jagdhaus des Großherzogs Georg errichtet. Nach dessen Tod im Jahr 1860 war es bis 1945 ein viel und gern besuchtes Ausflugsziel der Mecklenburg-Strelitzer Bürger. Seite 21: Der Großherzog Georg von Mecklenburg-Strelitz (1779–1860).

tanischer Strenge und Einfachheit. Vor den sich nach dem entzückenden See- und Waldgebiet öffnenden Fenster der Schreibtisch und an der Längswand ein behagliches Ruhebett aus Birkenholz, mit Kissen belegt. (…) Ergreifend in seiner Ausstattung das Schlafzimmer mit seiner fast dürftig zu nennenden Bettstatt. In ihr hat der große Freund der Natur am 6. September 1860 abends 10 Uhr die gütigen Augen für immer geschlossen. Alles, was wir sehen, ist auf einen, dem Charakter des Waldes unmittelbar entsprechenden Ton abgestimmt. (…)

Immer wieder zog es den Großherzog mit magischer Gewalt nach seinem geliebten Schweizerhaus. Im Juli 1847 schreibt er: „Wenn meine Familie nach meinem Geburtstag (12.August) abreist, ziehe ich in mein geliebtes Schweizerhaus, wo ich mitten in der schönsten Waldgegend auf einem Hügel wohne, vor mir Wiesen, Gärten und ein schöner See, hinter mir der noch höher aufsteigende Hügel, durch die herrlichsten Buchen gekrönt. Hier führe ich ein Leben, halb als Jäger, halb als Eremit und vertiefe mich in die reiche Vergangenheit, ohne Gegenwart und Zukunft deshalb weniger zu beachten, ein Leben, aus dem ich noch immer verjüngt hervorgegangen bin.“ (…)

Während der ersten 15 Jahre seines Daseins hatte das Schweizerhaus im freien Waldrevier gelegen. Erst anlässlich der Unruhen des Jahres 1848, als in den Volksversammlungen viel von Wildschaden und fürstlichen Jagdvergnügen auf Kosten der Bevölkerung die Rede gewesen war, entstand das etwa 7000 Hektar umfassende Gehege und damit der eigentliche Wildpark. Die fünf Heckenhäuser sind ebenfalls von Buttel geschickt und stimmungsvoll erbaut. Sie tragen sämtlich die Inschrift: „Gott schütze die

Bewohner dieses Hauses und segne ihren Ein- und Ausgang. 1849."
Der Zaun war ursprünglich, wie es sich von selbst versteht, ganz von Holz, das aber jetzt leider schon vielfach durch Draht ersetzt ist. Durch den Hinnensee ist er als Schwimmzaun geführt, d.h. er schwimmt keineswegs, sondern er ruht auf eingerammten Pfählen und kann auch auf eigene Gefahr als Übergang benutzt werden, er sollte jedoch das Wegschwimmen des Rot- und Schwarzwildes, das gern ins Wasser geht, verhindern. Dagegen sollten zahlreiche Einsprünge dafür sorgen, dass dauernd von außen frisches Blut dem eingehegten Bestande zugeführt würde. Jedoch ein durchschlagender Erfolg wurde nicht erzielt, namentlich das Rotwild degenerierte erheblich, starke Fütterung musste wegen Mangel an Wiesen und Wildäckern

Oben: Einige der 1849 an den Zugängen zum Wildgatter errichteten Heckenhäuser sind noch erhalten. Mitten im Wald gelegen, scheint die Zeit stehen geblieben zu sein. Seit mehr als 60 Jahren wohnt Rudolf Scholze mit seiner Frau Anni in einem dieser Häuser.
Links: Die Goldenbaumer Landstraße ist ein Jahrhunderte alter Verbindungsweg zwischen Neustrelitz und Feldberg. Heute ist sie ein beliebter Wanderweg.

Der Schwarzspecht gehört zu den charakteristischen Vogelarten der Serrahner Wälder. Seeadler waren zu Walter Karbes Lebenszeit wesentlich seltener zu beobachten als heute. Neben Rot- und Damhirschen gehörten Wildschweine zum begehrten Jagdwild im großherzoglichen Gatter.

stattfinden. In einer Schlucht gleich hinter dem Mückengrund befindet sich die Hauptfütterstelle mit den nötigen Gebäuden. Hier kann man zur gegebenen Zeit ein ziemliches Gewimmel von Damwild, auch ganz stattliche Schaufler noch beobachten, Rotwild ist dagegen nur noch sehr schwach vertreten und zu der nicht weit von hier stattfindenden Schweinefütterung finden sich vielleicht noch ein Dutzend Schwarzkittel ein, während es früher hunderte waren. (…)
Die einst im Schweingartensee so häufigen Krebse wurden auch hier durch die Krebspest fast vernichtet und es ist leider nicht damit zu rechnen, dass sie sich je wieder von diesem Schlag erholen. Sonst zeichnet sich der See durch seine vielen und z. T. sehr stattlichen Welse aus. Aale werden in ihm und im Serrahn zwar auch gefangen, aber keineswegs so häufig, als dass man den See oder den Ort danach hätte benennen können.
An schönen Sommertagen sieht man über dem Schweingarten regelmässig zu gewissen Stunden Raubvögel kreisen und ihre Flugspiele ausführen. Ihren Rufen nach möchte man sie für Schreiadler halten, es werden aber wohl nur Bussarde sein. Ein Schwarzstorchpaar sieht man zuweilen in noch größerer Höhe

schweben. Es nistet wahrscheinlich im Nachbarrevier, wo es früher mehrere gab, die aber abgeschossen wurden. Den grossen schwarzen Specht kann man im Laubholzbestand des Wildparks nicht gerade selten zu sehen und zu hören bekommen. Schwäne wurden einst auf dem Serrahn gehalten. Bilder aus dem vorigen Jahrhundert zeigen noch das Schwanenhäuschen im See. Was die Pflanzenwelt betrifft, so ist von derjenigen des Moores schon anlässlich des verlandenden Serrahnsees die Rede gewesen. Sonst ist wenig davon zu sagen. Die Frühlingsflora des Buchenwaldes ist hier auffallend dürftig vertreten. Das liebliche Blau Oeschen (*Leberblümchen)* fehlt merkwürdiger Weise ganz, ebenso der Lerchensporn, der z.B. auf der Useriner Horst so üppig gedeiht. Die weiße Anemone zeigt sich spärlich und das Maiglöckchen glänzt wieder durch Abwesenheit. Dagegen zeigt sich im Hochsommer an einigen Stellen der stattliche gelbe Fingerhut und im Nadelwald sind dann einige Sucher bei der Arbeit, um möglichst grosse Massen der Bicks- oder Heidelbeere für die Volksernährung nutzbar zu machen. Von den Moosen hat der Neustrelitzer Botaniker Hintze mehrere nicht gerade gewöhnliche Arten im Wildpark namentlich am Hinnensee festgestellt, aber das ist schon über 70 Jahre her und seitdem hat sich niemand mehr darum gekümmert. In neuester Zeit ist auch ein Bestand des Königsfarns unweit des Forsthauses entdeckt worden. Von den genannten Pflanzen stehen die meisten unter Naturschutz, indessen ihr bester Schutz im Wildpark sind ihre abgelegenen oder schwer zugänglichen Standorte. Auch einige Bäume sind in das Naturschutzregister eingetragen worden. So besonders die Adolf Friedrich Eiche im Revier Steinmühle zwischen dem Teufelsbruch und der Chaussee Carpin-Goldenbaum. Sie hat einen Umfang von

Manche Baumstubben mit Zunderschwämmen (Pilzen) wirken wie von Menschenhand geschaffene Skulpturen.

8,10 Metern. Ferner auch die hohe Kiefer am Wege Serrahn - Willerts Mühle, dort wo er dem See am Nächsten kommt. Ihre Höhe beträgt 44 Meter. (...) Soll aber von Schutzgebieten innerhalb des Wildparks die Rede sein, so ist zu bemerken, dass der Denkmalspflege alles daran liegen muss, den Lindwerder und Steinwerder in ihrer verhältnismässigen Unberührtheit zu erhalten und ihnen unbedingten Schutz zu erwirken. Die Umstände begünstigen das!
Sonst pflegt es bei der Schaffung von Naturschutzparks zu heissen: „Die wirtschaftliche Nutzung des Geländes darf nicht beeinträchtigt werden", wodurch oft die ganze Einrichtung illusorisch und eigentlich zwecklos wird. Hier bei den beiden Inseln mit ihrem geringen Baumbestand und den schwierigen Zugängen sind die wirtschaftlichen Interessen so gering, dass ein wirkliches Naturschutzgebiet geschaffen werden kann, im Gegensatz zu anderen so genannten, die nicht ganz und nicht halb sind. Es müsste dann etwa Folgendes verfügt werden: Bäume, auch überständige oder vom Schwamm befallene, werden nicht abgehauen; was von selbst fällt, bleibt liegen. An die Steine, die auf dem Lindwerder spärlich, auf dem Steinwerder massenhaft zu finden sind, darf kein Steinschläger heran! Nichts darf verschleppt werden, alles bleibt im jetzigen Zustand. Jungvieh darf auf die Inseln nicht gebracht werden, Gras- oder Streugewinnung unterbleibt. Das wäre die Hauptsache! Es könnte aber noch die Verlegung des Zeltplatzes auf dem Lindwerder in Erwägung gezogen werden, der, wenn auch nicht viel benutzt, der Stelle durch Wühlereien, Herumwerfen von Abfall doch nicht zum Vorteil gereicht. Der Jugend soll gewiss der Genuss von Wald und Wasser nicht entzogen werden, aber der Lindwerder hat seine besondere Bedeutung und ist nicht der geeignete Platz für einen Lagerbetrieb, da kann man mit einigem guten Willen andere Stellen genug finden, auch dürfte der auf dem Buchwerder befindliche Lagerplatz für diese Gegend wohl genügen.
Über die Zweckmäßigkeit der Fischerhütten auf dem Steinwerder kann man ebenfalls verschiedener Meinung sein. (...)

Zu Walter Karbes Lebzeiten waren der Steinwerder (rechts) und der Lindwerder (links) noch Halbinseln. Nach dem Verschluss des künstlichen Abflussgrabens und dem nachfolgenden Wasseranstieg handelt es sich heute um zwei Inseln im bis 31 m tiefen Schweingartensee.

Geschichte der Siedlung Serrahn

Die Darstellungen von Walter Karbe machen deutlich, dass die Serrahner Landschaft keine vom Menschen unberührte Wildnis ist. Sie wurde in der letzten Periode der Eiszeit geformt. In den nachfolgenden Jahrtausenden entwickelten sich ausgedehnte Wälder, Moore und Seen. Funde belegen, dass schon im Zeitraum des Eisrückgangs erste Jäger auftauchten. Vor etwa 7.000–5.000 Jahren ließen sich die Menschen dauerhaft in der Region nieder. Im Verlaufe der Jahrtausende veränderten die frühen Siedler zunehmend die Landschaft.
Mit der Bevölkerungszunahme setzten Rodungen ein, die zu einer Reduzierung der Waldflächen und zu Siedlungsgründungen führten. Während der Zeit der großen Völkerwanderungen vor etwa 1.500 Jahren wurden viele landwirtschaftlich genutzte Flächen aufgegeben, der Wald konnte sich wieder ausbreiten. In das Gebiet drangen am Ende der Völkerwanderung wendische (slawische) Stämme ein. Sie wurden sesshaft und gründeten kleinere Ansiedlungen. Dazu gehörte auch das am Ufer des Großen Serrahnsees gelegene Saran. Als Folge dieser Siedlungstätigkeit wurde im 11. und 12. Jahrhundert der Waldanteil in Mecklenburg und auch im Serrahner Gebiet weit unter seine heutige Ausdehnung zurück gedrängt. Die Spuren

Blick auf Serrahn um 1900. Die Flächen zum Serrahnbruch wurden landwirtschaftlich genutzt.
Seite 29, oben: Nach dem Tod des Großherzogs Georg wurde Serrahn ein beliebtes Ausflugsziel. Darunter: Die Dorfstraße in Serrahn mit der alten Försterei und Nebengebäuden. Das heutige Forsthaus Serrahn (Außenstelle des Nationalparkamtes) wurde erst nach 1907 errichtet.

der Siedler am Serrahnsee und schriftliche Überlieferungen lassen auf eine mehr oder weniger kontinuierliche Besiedlung bis in die erste Hälfte des 16. Jahrhunderts schließen. Danach fehlen verlässliche Hinweise bzw. Dokumente. Im 16. und 17. Jahrhundert ging die Bevölkerung durch ungünstige Klimaänderungen, Pestepidemien und den 30-jährigen Krieg, wie in ganz Mecklenburg, auch im Herzogtum Mecklenburg-Strelitz stark zurück und die Wälder konnten sich wieder ausbreiten. Etwa ab 1750 kam es erneut zu einer ständigen Ansiedlung am südlichen Ende des Großen Serrahnsees, allerdings einige hundert Meter entfernt vom ehemaligen Saran. In dem aus wenigen

Gebäuden bestehenden Serrahn lebten zunächst Fischer und Holzwärter mit ihren Familien. Die Errichtung einer Försterei wird für die 1780er Jahre erwähnt. Sie stand an der Dorfstraße etwa gegenüber dem heutigen Forsthaus, dort, wo sich das Gebäude mit der Weltnaturerbeausstellung befindet.

Hinzu kam nach Errichtung des „Schweizerhauses" der zeitweilige Aufenthalt des Großherzogs mit seinem Gefolge. Aus anfänglichen Bewirtungen von einzelnen Gästen durch die Frauen der Förster entwickelte sich mit der zunehmenden Anzahl an Besuchern, die nach dem Tod des Großherzogs Georg 1860 das Schweizerhaus besuchten, eine zusätzliche Einnahmequelle zum kargen Förstergehalt. Neben der Försterfamilie wohnten weitere Forstarbeiter in Serrahn. Zu einer Legende wurde zu Beginn des 20. Jahrhunderts die als Tante Clara bekannte Frau des Försters Laue. Sie soll durch ihre forsche Art, die auch vor dem Großherzog nicht haltmachte, mit dazu beigetragen haben, dass es zur Errichtung des neuen Forsthauses kam, in dem von vornherein auch eine Küche und Gaststube zur Bewirtung der Besucher eingerichtet wurden. Überliefert sind die Worte, die sie damals an die Obrigkeit richtete: *„Denn seh` n Se mal, Königliche Hoheit, hier pilgert ja nu Hoch un Niedrig zum Schweizerhaus. Denn aber kommense. Ja un ick steh in ne zujeblaakte Küche von anno dunnemals un soll wat Gescheitet servieren. Un denn die Krugstube! Ach Jott, nee, wat ne Bude".*

Wie aus alten Fotografien hervorgeht, war die unmittelbare Umgebung Serrahns damals deutlich offener. Wiesen und ackerbaulich genutzte Flächen umgaben die wenigen Häuser und sicherten so die Versorgung der hier lebenden Familien mit ihren Tieren. Der Wildpark mit der Försterei und Gaststube und dem als Museum genutzten Schweizerhaus wurden bis 1945 zu einem viel besuchten Ausflugsziel. Auf der erhöhten Terrasse standen vor dem Forsthaus unter Schatten spendenden Bäumen Gartentische und - stühle. Während der Ausgrabungen des alten Saran verbrachte Walter Karbe hier häufig seine Mittagspause. Am Pfingstfest des Jahres 1945, wenige Tage nach dem Ende des Zweiten Weltkrieges, wurde das Schweizerhaus vermutlich von Soldaten der Roten Armee in Brand gesteckt. Dem Forsthaus drohte das gleiche Schicksal. Doch dies konnte verhindert werden. Durch den enormen Funkenflug brannten jedoch das direkt neben dem Schweizerhaus am Berg gelegene Küchengebäude und einige mit Schilf gedeckte Wirtschaftsgebäude an der Dorfstraße gegenüber dem Forsthaus nieder. Noch im Frühsommer des Jahres 1947 war die Waldsiedlung menschenleer, Schweizerhaus, Küchengebäude und Ställe waren Ruinen, das Forsthaus und die Nebengebäude geplündert und verwahrlost.

Danach lebten zunächst verschiedene Umsiedler und Forstmitarbeiter mit ihren Familien in Serrahn, bevor die Gebäude als Revierförsterei und wissenschaftliche Einrichtung sowie als Wohnungen für die Mitarbeiter der Biologischen Station genutzt wurden. Die abgelegene Lage und die geringe Bewohnerzahl hatten zur Folge, dass erst 1956 der Anschluss an das elektrische Leitungsnetz erfolgte.

Seite 31: Kaffeezeit im Serrahn des 19. Jahrhunderts.

Seite 32–33: Blick auf das als Biologische Station genutzte Forsthaus Serrahn mit Nebengebäuden in den 1980er Jahren.

Links: Hubert Weber, Leiter der Biologischen Station von 1953–1981 und der Naturschutzstation Serrahn. Rechts: Prof. Dr. mult. Hans Stubbe – ein Vordenker des Naturschutzes und Förderer der Biologischen Station Serrahn.

Das Naturschutzgebiet Serrahn und die Biologische Station

Die Gründung des NSG „Großer Serrahn und Schweingartensee"

Bereits vor 1945 gab es erste Bemühungen, im Forstrevier Serrahn Schutzgebiete einzurichten und die Buchenwälder vor den geplanten intensiveren forstlichen Nutzungen zu schützen. Diese führten auch infolge der alles überschattenden Kriegsereignisse nicht zum Erfolg. Mit dem Ende des Zweiten Weltkrieges fielen endgültig die Zäune des Wildgatters und der Wildpark hörte auf zu existieren.

1949 kam Hubert Weber (1917–1997) als neuer Revierförster nach Serrahn. Auf Beschluss der Deutschen Landgesellschaft sollten in allen Ländern der damaligen sowjetischen Besatzungszone Vogelschutzreviere für die biologische Schädlingsbekämpfung mit Hilfe von Singvögeln eingerichtet werden. Das Revier Serrahn wurde 1949 zum Beispielsrevier für das Land Mecklenburg benannt. Auch auf Initiativen von Hubert Weber und der Neustrelitzer Naturschutzgruppe unter Leitung des Lehrers Walter Gotsmann wurde bereits 1952 das Naturschutzgebiet (NSG) „Großer Serrahn und Schweingartensee" als eines der ersten großen Naturschutzgebiete der DDR ausgewiesen. Es umfasste einen repräsentativen Ausschnitt der von der Weichsel-Kaltzeit geformten Landschaft mit Hauptendmoräne, Grundmoränen, Sander und Schmelzwasserrinnen. In mehreren Schritten erreichte es eine Größe von etwa 880 ha. Eine bedeutende Rolle bei der Ausweisung des Naturschutzgebietes spielte Prof. Dr. mult. Hans Stubbe (1902–1989). Als Naturwissenschaftler und späterer Präsident der Deutschen Akademie der Landwirtschaftswissenschaften bemühte er sich bereits in den schwierigen Jahren nach Kriegsende konsequent um den Aufbau bzw. die Durchsetzung des Naturschutzes. 1948 hatte er eine „Denkschrift zur Reorganisation des Naturschutzes in der Sowjetischen Besatzungszone Deutschlands" verfasst und an führende Wissenschaftler in Ost- und Westberlin verschickt, in der ein ganzes Kapitel den wissenschaftlichen Aufgaben von Schutzgebieten und dem Wirken von Biologischen Stationen gewidmet war. Bereits 1951 schlug er vor, im Serrahner Gebiet eine solche wissenschaftliche Station zu gründen.

Kurze Zeit nach der Ausweisung des Naturschutzgebietes wurde im Sommer 1953 die Vogelschutzstation Serrahn als

Die Uferzone am Schweingartensee, für deren Unterschutzstellung schon W. Karbe im Jahr 1941 eingetreten war.

Außenstelle der Vogelschutzwarte Seebach (Thüringen) gegründet, die zur Deutschen Akademie der Landwirtschaftswissenschaften gehörte. Neben seiner Tätigkeit als Revierförster wurde Hubert Weber auch Leiter der Vogelschutzstation. Zu jener Zeit war Walter Karbe während seiner Ausgrabungen des wendischen Sarans ein häufiger Gast in der Station. In seinen Ausführungen (s. S. 27) kritisierte er die Art und Weise der forstlichen Nutzungen in Schutzgebieten Deutschlands. Ein Teil seiner Forderungen, die sich besonders auf den Schweingartensee und die angrenzenden Uferwälder bezogen, wurde mit der 1953 erfolgten forstlichen Einstufung Serrahns als Schonrevier erfüllt. Mit dem Antrag auf Naturschutzgebietsausweisung wurden die Wälder der Seeränder und Halbinseln des Schweingartensees aus der Nutzung genommen.

In den übrigen Wäldern durften trotz des Status eines

Schonreviers jedoch noch größere Holzmengen geschlagen werden, als gleichzeitig im Bestand nachwuchsen. Zu verstehen ist dies nur vor dem Hintergrund der enormen Reparationsleistungen, die damals nach Kriegsende in ganz Deutschland zum schonungslosen Kahlschlag riesiger Waldflächen führten. Die vielen heute etwa 60–70 jährigen Kiefernwälder in Nordostdeutschland sind Zeichen der darauf folgenden Wiederaufforstungen. Das Revier Serrahn blieb durch seinen Status als Schonrevier und dem Einsatz einflussreicher Personen von den großen Kahlschlägen weitgehend verschont. Eine besondere Rolle spielte dabei der Forstwissenschaftler Prof. Alexis Scamoni, Berlin/Eberswalde (1911–1992), der sich besonders für den Schutz der Serrahner Wälder einsetzte. In Zusammenarbeit mit einer großen Zahl an Wissenschaftlern unterschiedlicher Fachrichtungen erarbeitete er eine einzigartige landschaftsökologische Analyse der Region (Meßtischblatt Thurow).
1957 wurden die forstlichen Nutzungsvorgaben in einem Teilgebiet weiter reduziert und in einer ca. 200 ha großen Fläche ganz ausgesetzt. Auf dieser Fläche durfte nur noch eine geringe Holzentnahme, wie die Nutzung von Dürrholz, stattfinden. Aktuelle Untersuchungen ergaben, dass seit den 1960er Jahren auf etwa 70 ha keinerlei Holzentnahme mehr stattfand. Damit gehört diese Fläche zu den am längsten nutzungsfreien Buchenwäldern Deutschlands.

Serrahn wird zu einem Zentrum der Natuschutzforschung

1953 wurde auf Initiative von Prof. Hans Stubbe das Institut für Landschaftsforschung und Naturschutz (ILN) in Halle/Saale gegründet. Das Institut sollte wissenschaftliche Grundlagen für die ehrenamtliche und hauptamtliche Naturschutzarbeit entwickeln. Zugleich koordinierte dieses erste deutsche Naturschutzinstitut die wissenschaftliche und konzeptionelle Naturschutzarbeit in der DDR. Dazu gehörten sowohl die Durchführung eigener Forschungen, als auch die Beratung der ehrenamtlich wirkenden Naturschützer. Ebenfalls auf Stubbes Bemühen hin wurde die Vogelschutzstation Serrahn 1961 in eine Biologische Station umgewandelt. Sein Plan, die Station der Deutschen Akademie der Wissenschaften zu Berlin zuzuordnen, gelang nicht, aber als Präsident der Deutschen Akademie der Landwirtschaftswissenschaften bewirkte er 1964 ihre Zuordnung zum Institut für Landschaftsforschung und Naturschutz.
In den ersten Jahrzehnten waren vogelkundliche Fragestellungen der eigentliche Schwerpunkt der Forschungstätigkeit. Dabei entwickelte sich Serrahn zu einem Zentrum der ornithologischen Arbeit in Mecklenburg mit einer starken Ausstrahlung auf die übrigen Regionen der DDR. Hier wurde 1955 erstmals der „Ornithologische Rundbrief Mecklenburgs“ herausgegeben.
Auch in anderen Bereichen nahm die Bedeutung Serrahns weiter zu. Es begann eine rege Exkursionstätigkeit von Wissenschaftlern und Praktikanten verschiedener Universitäten (z. B. Greifswald, Rostock, Leipzig) in diesem Gebiet.
Die Station in Serrahn wurde zum Stützpunkt für eine umfangreiche Beobachtungs- und Untersuchungstätigkeit in den Wäldern, Mooren und Seen des NSG und darüber hinaus. Im Rahmen der Forschungsarbeiten erfolgte erstmals auch eine wissenschaftliche Bearbeitung der Entwicklung und der Strukturen des Buchenwaldes in den beiden NSG „Serrahn“ und „Heilige Hallen“. Die Ergebnisse und nachfolgende Untersuchungen wurden zu einer wichtigen Grundlage für unser heutiges Verständnis der Waldentwicklungsprozesse in den norddeutschen Buchenwäldern. Bei diesen Arbeiten wurde die ökologische Funktion möglichst großer ungenutzter Wälder deutlich.
Über mehrere Jahrzehnte untersuchten Hubert Weber und Horst Prill die Tierwelt des Gebietes und seiner Umgebung. Die Arbeiten galten dem Vogelbestand und dem der

Dies war auf die Erhöhung des Totholzanteils und die dadurch vermehrten Nahrungs- und Nistplatzmöglichkeiten zurückzuführen. Die fünf in Serrahn vorkommenden Spechtarten haben in der Waldlebensgemeinschaft der Tiere eine Schlüsselfunktion als Nistplatzbeschaffer für andere Vögel und weitere Tiergruppen wie Fledermäuse und Insekten.
In zunehmendem Maße beteiligten sich auch Wissenschaftler anderer Forschungseinrichtungen des Landes an Untersuchungen zum Klima, zur Hydrologie, zur Artenausstattung oder zur Entwicklung in den verschiedenen Lebensräumen des Gebietes. In mehreren Publikationen,

Hubert Weber mit Studenten bei der Vogelberingung, rechts: Von Spechten geschaffener Höhlenbaum.

Kleinsäuger in Wäldern und deren Beeinflussung durch unterschiedliche forstliche Nutzungsintensitäten. Daneben fanden Untersuchungen zum Zusammenhang zwischen der Siedlungsdichte von Vögeln und der Entwicklung von forstlichen Schadinsekten statt. Die naturnahen, nur wenig genutzten Buchenwälder Serrahns dienten dabei als Vergleichsflächen zu den Wirtschaftswäldern z. B. im Nachbarrevier Grünow.
Es wurde deutlich, dass Waldflächen mit natürlichen Strukturen ohne forstliche Nutzung eine größere Artenvielfalt aufwiesen. Die Siedlungsdichte von Höhlenbrütern wie Schwarzspecht, Mittelspecht oder Hohltaube lag in den damals seit drei Jahrzehnten nicht mehr bewirtschafteten Buchenwaldbereichen um 30 % höher.

den so genannten „Serrahnheften", wurden die Untersuchungsergebnisse veröffentlicht. Sie stellen wichtige Vergleichsdaten dar, um die Entwicklung in den vergangenen Jahrzehnten zu erkennen und interpretieren zu können.
1968 begann sich die Station an der „Aktion Baltik", einer Gemeinschaftsarbeit von Vogelwarten in Polen und weiteren osteuropäischen Ländern, zu beteiligen. Diese Aktion wurde zu einem ersten großräumigen Vogelbestands-Monitoringprogramm. Bereits 1953 hatte Hubert Weber auf der 3. Ornithologentagung in Halberstadt den Registrierfang als wissenschaftliche Methode vorgestellt. In Serrahn wurden im Zeitraum 1964 bis 1989 weit mehr als 100.000 Vögel von 133 Arten gefangen, biometrisch erfasst und beringt. Sie erbrachten etwa 8.000 Wiederfundmeldungen.
Im Laufe der Jahrzehnte wurden vielfältige naturschutzfachliche Fragestellungen in Serrahn bearbeitet. Dazu gehörte auch die Schaffung von wissenschaftlichen Grundlagen für die Ausarbeitung von „Behandlungsrichtlinien" für Naturschutzgebiete. In diesen Materialien waren sowohl Maßnahmen zur Erhaltung und Verbesserung des Zustands der verschiedenen Lebensräume der Schutzgebiete enthalten, als auch Vorgaben über mögliche bzw. untersagte Nutzungen. So wurden Wälder in Naturschutzgebieten in zwei Kategorien unterteilt. Die erste Kategorie umfasste die Waldflächen, in denen keine forstliche Nutzung mehr stattfinden durfte, die so genannten „Totalreservate". In der zweiten Kategorie waren die Flächen enthalten, in denen unter mehr oder weniger weitgehenden Einschränkungen solche Nutzungen weiterhin erlaubt waren.

Das Naturschutzgebiet wird vergrößert

Hubert Weber war eine bemerkenswerte Persönlichkeit. In der ihm eigenen Art und Weise verstand er es, das Leben in und um Serrahn zu organisieren. Dabei unterhielt er auch enge Kontakte zu Funktionären der Parteien und Behörden sowie bekannten Persönlichkeiten, die sich zur Jagd oder zur Erholung in Serrahn aufhielten. Ein kleiner Eiskeller wurde zu einer gemütlichen Gaststube, dem so genannten „Fuchsloch", ausgebaut. Hier wurden Feste gefeiert und dabei auch manche Entscheidung vorbereitet oder getroffen, die auf anderem Weg kaum möglich gewesen wäre. So gab es in den 1970er Jahren Bemühungen, die südlich des damaligen Schutzgebietes gelegenen Klarwasserseen Zwirnsee, Großer Fürstenseer See und Hinnensee in das NSG zu integrieren. Überliefert ist, dass es im Verlauf einer „organisierten" Beratung mit Umtrunk im „Fuchsloch" gelang, die entscheidende Weichenstellung vorzubereiten, um das bisherige Schutzgebiet in seiner Fläche mehr als zu verdoppeln. Für das nunmehr NSG „Serrahn" genannte Gebiet wurde 1976 der Antrag der Erweiterung auf 1.817 ha gestellt und dieser 1981 vom Bezirkstag bestätigt. So konnten die drei großen besonders wertvollen Seen im Süden sowie einige andere Gewässer samt der umliegenden Waldflächen und Moore in des Schutzgebiet Serrahn integriert werden. Im Rahmen der überarbeiteten Behandlungsrichtlinie wurde zugleich die Fläche der Totalreservate in enger Abstimmung mit der örtlichen Forstverwaltung deutlich ausgedehnt.
Neben der Biologischen Station als wissenschaftlicher Einrichtung kam es 1977 auch zur Gründung einer Naturschutzstation in Serrahn. Deren Aufgabe war es vor allem, praktische Arbeiten im NSG und in den Schutzgebieten der Umgebung durchzuführen und zugleich ein landesweites Netz von Ornithologen zur Beobachtung des Vogelzuggeschehens zu betreuen. Sie bildete zugleich die Leiteinrichtung für weitere Naturschutzstationen im Bezirk Neubrandenburg und wurde zum Vorbild für entsprechende Gründungen in anderen Regionen der DDR. Eine besondere Rolle in der Tätigkeit der Naturschutzstation spielte auch die Betreuung von verwaisten Jungtieren

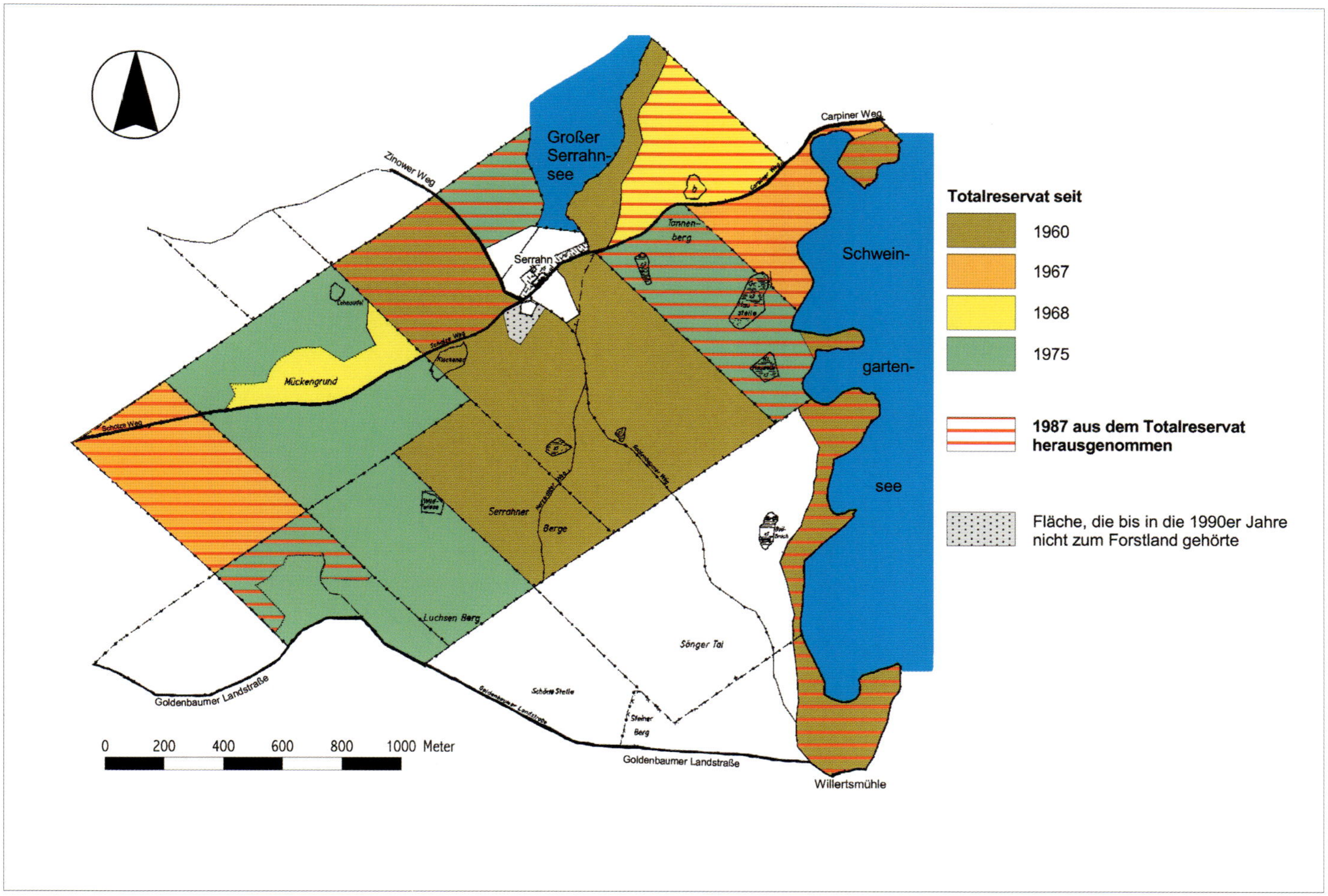

Die Flächenentwicklung des Totalreservates im NSG Serrahn zwischen 1960 und 1989.

oder verletzten Tieren, die häufig von Besuchern oder Naturschutzhelfern abgegeben worden sind. Zur Legende wurde ein Kolkrabe, der in einer Familie aufgezogen worden war, später aber Probleme bereitete und respektlos alle Familienmitglieder angriff. So kam er nach Serrahn, wo er viele Jahre lang die Besucher in seiner Voliere begrüßte. Er hatte sehr schnell herausgefunden, dass Betteln zum Erfolg führte. Wenn aber ein unvorsichtiger Besucher die Finger mit dem Futter zu weit in die Voliere steckte, dann kniff er mit dem Schnabel sehr schmerzhaft zu.

Oben links: Dr. Regina Spieß bei der Betreuung von Ausbringungsversuchen gefährdeter Moorpflanzenarten; Anzuchtsversuche von oben Mitte: Alpenhaargras, oben rechts: Tannenbärlapp, darunter: Sonnentau.

In den 1960er Jahren zählte der Kolkrabe noch zu den vom Aussterben bedrohten Tierarten und gehörte zu den Forschungsobjekten der Stationsmitarbeiter.
In Serrahn gelang erstmals die Aufzucht damals noch im Bezirk Neubrandenburg vorkommender Großtrappen und ihre Auswilderung. Die Arbeiten blieben leider im Versuchsstadium stecken. Bereits in den 1950er Jahren waren ähnliche Versuche mit Birk- und Auerhühnern gescheitert.
Im Januar 1982 beging Hubert Weber seinen 65. Geburtstag und beendete seine Tätigkeit als Leiter der Biologischen Station. Zu seinen bleibenden Verdiensten gehört der Aufbau und die Entwicklung des Naturschutzgebietes.

Ausbau der Biologischen Station in den 1980er Jahren

Mit der Übernahme der Leitung der Biologischen Station durch Dr. Hans-Jürgen Spieß erfolgte eine Neuausrichtung der Forschungsarbeiten. Das wissenschaftliche Aufgabenspektrum der Biologischen Station wurde erheblich erweitert und das Stammpersonal durch fünf Wissenschaftler vergrößert. Auch weiterhin diente Serrahn als Basisstation für Gastwissenschaftler unterschiedlicher Einrichtungen und Wissenschaftsgebiete. Neben der Weiterführung ornithologischer Untersuchungen, z.B. zur Ökologie der Höhlenbrüter oder zur Entwicklung von Greifvogelpopulationen, wurden weitere Artengruppen und Lebensräume in das Forschungsprogramm einbezogen.
So wurden 1982 Studien zur Biologie und zur Erarbeitung

von Schutzmaßnahmen für vom Aussterben bedrohte oder gefährdete Moorpflanzen begonnen. Darunter einige Arten, die von Walter Karbe noch häufig im Verlandungsmoor des Großen Serrahnsees gefunden wurden. Dazu gehörten z. B. das Alpenhaargras, Mittlerer und Langblättriger Sonnentau, Moorbärlapp und Tannenbärlapp. Ausgehend von der Analyse der Lebensbedingungen am Standort und der Fortpflanzungsstrategien der Arten gelang es, gärtnerische Vermehrungs- und Erhaltungskulturen anzulegen. Diese dienten gewissermaßen als Reservepopulationen. Daneben wurden Ausbringungsversuche mit den gärtnerisch gezogenen Pflanzen zur Stützung der Populationen an den natürlichen Standorten im Gebiet begonnen.

Links: Der Ornithologe Horst Prill (1932–2009) mit einem verletzten Kolkraben, rechts: Dr. Arno Waterstraat bei der Fahrt zur Untersuchung des Zwirnsees.

Einen weiteren neuen Untersuchungsschwerpunkt bildeten die Seen des Schutzgebietes. Anknüpfend an die in den 1970er Jahren begonnenen Untersuchungen der Fischfauna des Haussees, des Großen Serrahnsees und des Schweingartensees, wurde der Einfluss der Fischerei auf die Fischfauna in unterschiedlich intensiv genutzten Gewässern untersucht. Haussee und Großer Serrahnsee unterlagen keiner fischereilichen Nutzung und der Schweingartensee wurde nur noch extensiv bewirtschaftet. Als Ergebnis der Untersuchungen konnte nachgewiesen werden, dass die Einstellung der fischereilichen Nutzung keine negativen Auswirkungen auf die Fischfauna hat. Im Gegenteil, es herrschte bei den untersuchten Arten Hecht und Plötze ein ausgewogeneres Verhältnis der einzelnen Jahrgänge, auch der älteren Jahrgänge, die in den befischten Gewässern infolge der Fangaktivitäten unterrepräsentiert waren. Ein zweiter Schwerpunkt galt den nährstoffarmen Klarwasserseen Zwirnsee, Großer Fürstenseer See und Hinnensee. Neben Untersuchungen zum Zustand dieser Lebensräume galt es, ein langfristig angelegtes Beobachtungsprogramm (Monitoring) auszuarbeiten. Ein wichtiges Ziel der Arbeiten war es, Grundlagen für ein Totalreservatssystem in Seen zu schaffen, damit es, ähnlich wie in den Waldtotalreservaten, zu einer von menschlichen Nutzungen weitgehend unbeeinflussten natürlichen Entwicklung kommen kann. Nach langwierigen Verhandlungen wurde der Zwirnsee als bedeutendster Klarwassersee des Gebietes aus der fischereilichen und touristischen Nutzung genommen und im Oktober 1989 zum Gewässertotalreservat erklärt.
Die Arbeiten in Serrahn führten auch in dieser Periode weit über die Grenzen des Schutzgebietes hinaus. So wurden die Ausweisung neuer Naturschutzgebiete zum Schutz wertvoller Bäche und Flüsse in anderen Teilen der DDR vorbereitet, die Fischartenkartierung der DDR aufgebaut

Die ruhige und abgeschiedene Lage Serrahns schuf eine besondere Atmosphäre, um Kontakte zu knüpfen und wissenschaftliche Fragen zu diskutieren, von links: Gisela und Horst Prill, Dr. Klaus-Dieter Wenzel und Dr. Ludwig Weißflog von der Akademie der Wissenschaften aus Leipzig, Dr. Regina Spieß und Dr. Werner Schauer vom ILN Halle.

und wissenschaftliche Grundlagen zur Ökologie und zum Schutz gefährdeter Fische und Neunaugen geschaffen.
Das Schutzgebiet wurde in ein landesweit angelegtes Dauerbeobachtungsprogramm zur Kontrolle der von Menschen verursachten Veränderungen in der Biosphäre aufgenommen. Dazu gehörten auch Untersuchungen der Bioverfügbarkeit von Schwermetallen im Zusammenhang mit den Huminstoffgehalten in den Seen und Mooren des NSG.
Neben der wissenschaftlichen Arbeit wurden umfängliche Aktivitäten in den Bereichen Öffentlichkeitsarbeit, Aus- und Fortbildung von Lehrern und Biologiestudenten sowie bei der Ausweisung und praktischen Betreuung von NSG erbracht. Dies war von großer Bedeutung, da es in der DDR an Informationsmaterial und populärwissenschaftlicher Literatur zu ökologischen und naturschutzfachlichen Sachverhalten mangelte. Zugleich konnten so neue Erkenntnisse der Naturschutzforschung unmittelbar in die praktische Arbeit einfließen.

Wildforschung und Staatsjagd

Das Naturschutzgebiet Serrahn ist aus einem Wildpark des Großherzogs von Mecklenburg - Strelitz entstanden. 1957 wurde es in das etwa 9.000 ha umfassende Wildforschungsgebiet Serrahn einbezogen. Jahrzehntelang wurden sowohl naturschutzfachliche als auch wildökologische Forschungen im NSG Serrahn nebeneinander und teilweise auch gemeinsam durchgeführt.
Einen tiefen Einschnitt und herben Rückschlag für das jahrzehntelang gewachsene Verhältnis zwischen den Naturschutzmitarbeitern, den Wildbiologen und der Forstverwaltung stellte das neue Jagdgesetz der DDR von 1984 dar. Mit diesem Gesetz wurden die Wildforschungsgebiete direkt der Inspektion Staatsjagd zugeordnet, der die Verwaltung des größten Teils der Jagdgebiete der Führungselite der DDR (Staatsjagdgebiete) unterstand. Nach diesem Gesetz waren die Leitungen der Wildforschungsgebiete auch für die naturschutzfachliche Betreuung zuständig, sofern deren Territorien auch Naturschutzgebietsflächen umfassten. In der Folge wurde im nordwestlich von Serrahn gelegenen Wilhelminenhof eine eigene Verwaltung für das Wildforschungsgebiet aufgebaut. Auf Betreiben der Inspektion Staatsjagd wurden 1986 die Naturschutzstation in Serrahn aufgelöst und deren Mitarbeiter in andere Einrichtungen versetzt. Man begründete diesen Schritt damit, dass die

naturschutzfachliche Betreuung des NSG Serrahn durch den neu gegründeten Bereich Naturschutz des Wildforschungsgebietes besser erfolgen könne.
Die Inspektion Staatsjagd war nun der neue Herr im Naturschutzgebiet. Die Ziele dieser Entwicklung wurden bald deutlich. Längst vergessene Wildäcker wurden wieder angelegt, zahlreiche Jagdkanzeln errichtet und bereits aufgegebene Wege für den Fahrzeugverkehr neu hergerichtet. Die bis dahin geltende Behandlungsrichtlinie für das NSG wurde geändert, um den jagdlichen und forstlichen Interessen entgegenzukommen. Bald kamen Gerüchte auf, dass auch die Biologische Station aus dem Gebiet heraus verlagert werden solle, damit die Inspektion Staatsjagd völlig unkontrolliert agieren könne, und dass das NSG Serrahn möglicherweise in ein neues Staatsjagdgebiet überführt werden sollte.
Einige Mitarbeiter der Station, am Gebiet interessierte Wissenschaftler und einzelne Bewohner umliegender Gemeinden haben sich damit nicht abgefunden und Beschwerdeschreiben an das Staatsoberhaupt der DDR gesandt. Darin wurde das Vorgehen der Inspektion Staatsjagd kritisiert und auf gravierende Missstände und Verletzungen des Naturschutzrechts hingewiesen. Trotz massiver Einschüchterungsversuche gelang es nicht, die Beschwerdeführer zur Rücknahme ihrer Petitionen zu veranlassen und damit der Staatsjagd bzw. der Leitung des Wildforschungsgebietes freie Bahn zu schaffen. Die für das Naturschutzgebiet schlimmste Entwicklung drohte aber durch das immer stärker werdende Begehren, in den seit Jahrzehnten ungenutzten Totalreservatsflächen wieder Holz einzuschlagen. Tatsächlich konnte die Inspektion fehlende Genehmigungsverfahren bei der schrittweisen Vergrößerung der ungenutzten Waldflächen nachweisen und setzte so eine erhebliche Verkleinerung der Totalreservatsflächen durch. Als Begründung wurde angeführt, dass die Besucher des Gebietes in einer Zeit, in der im Westen Deutschlands von sterbenden Wäldern gesprochen wurde, nicht mit verfaulenden Bäumen konfrontiert werden könnten. Außerdem könne ein solches Waldbild den Jagdgästen, zumeist privilegierten Funktionären, die in den Staatsjagdgebieten Hirsche schießen durften, nicht angeboten werden. In der Folge wurden im Herbst des Jahres 1987 am Carpiner und am Zinower Weg in Flächen, die teilweise bereits seit vier Jahrzehnten nicht mehr genutzt wurden, die ersten Bäume gefällt. Mit dem Beginn der politischen Wende im November 1989 wurden die Arbeiten auf Initiative der Mitarbeiter der Biologischen Station eingestellt. Heute sind diese Flächen Teil des Weltnaturerbegebietes. Die Zeit war zu kurz, um den Wald den forstlichen Vorstellungen anzupassen.

Die Wendezeit 1989/90 – Serrahn wird Nationalparkteil

Bereits in den 1950er Jahren gab es wie in anderen europäischen Ländern auch in der DDR Vorstellungen zur Einrichtung von Nationalparken. In den 1970er und 80er Jahren kam es zu weiteren Bemühungen zur Bildung solcher Großschutzgebiete. Verschiedene Ursachen führten zum Scheitern dieser Vorhaben. Neben massiven politischen und wirtschaftlichen Vorbehalten gab es auch unter den Naturschutzfachleuten in der DDR unterschiedliche Auffassungen darüber, ob die vorgesehenen Gebiete den internationalen Anforderungen an Nationalparke entsprechen. In der Zeit des gesellschaftlichen Umbruchs im Herbst 1989 ergriff dann eine Gruppe von Naturschützern die Initiative und entwickelte die Idee eines Nationalparkprogramms. Ziel war es, die wertvollsten Landschaften der DDR als Nationalparks, Biosphärenreservate und Naturschutzparks zu sichern. An der Müritz formierte sich eine Bürgerinitiative, die die Forderung im Dezember an die Volkskammer und DDR-Regierung schickte. Im Januar 1990 wurde der

Die Mitarbeiter der Biologischen Station Serrahn 1990, vordere Reihe von links: Claus Weber, Gerhard Schmuhl, Sabine Helzl, Dr. Peter Wernicke; hintere Reihen von links: Gisela Prill, Hartmut Breu, Edith Voß, Dr. Arno Waterstraat, Horst Prill, Dr. Regina Spieß, Dr. habil. Hans-Jürgen Spieß.

Volkskammerabgeordnete und Ökologe Prof. Dr. Michael Succow zum Stellvertretenden Umweltminister berufen und begann mit der Umsetzung dieses Vorhabens.
Bereits im März 1990 wurde ein Ministerratsbeschluss der Regierung der DDR zur einstweiligen Sicherung der Gebiete des Nationalparkprogramms gefasst. Ein Buchenwald-Nationalpark im Bereich Serrahn war dabei nicht vorgesehen, jedoch die Schaffung eines Naturschutzparks Feldberger Seenlandschaft sowie eines Nationalparks am Ostufer der Müritz. Die tatsächliche Sicherung als Landschaftsschutzgebiete zentraler Bedeutung erfolgte durch die nach der Märzwahl 1990 neu gegründete Bezirksverwaltung Neubrandenburg. Nach diesem Beschluss sollte in der Region Serrahn - Feldberg ein Biosphärenreservat mit den bestehenden NSG „Serrahn" und „Heilige Hallen" als Kerngebiete eingerichtet werden. Daneben verfolgte man auch die Ausweisung eines Naturschutzparks Feldberger Seenlandschaft, der sich bis in den Raum Lychen-Templin (heute zum Naturpark Uckermärkische Seen in Brandenburg gehörend) erstrecken sollte.
In Gesprächen und Diskussionen mit verschiedenen Fachleuten aus den Altbundesländern, die im Frühjahr 1990 Serrahn besuchten, wurde aber immer deutlicher, dass der Schutz der großen ungenutzten Waldflächen allein mit dem Status eines Naturschutzgebietes unter den gesetzlichen Verhältnissen der Bundesrepublik Deutschland nicht ausreichend sei. Sie empfahlen daher mit Nachdruck, die Ausweisung eines Nationalparks anzustreben. Daraufhin entwickelten die Mitarbeiter der Biologischen Station Vorstellungen, das NSG Serrahn und angrenzende Flächen in einen Buchenwald-Nationalpark zu überführen. In intensiven Gesprächen mit dem im Umweltministerium in Berlin wirkendem Stab um Prof. Michael Succow wurde deutlich, dass die Vorbereitungen der anderen Nationalparke inklusive des Müritz-Nationalparks inzwischen schon weit vorangeschritten waren. Die Chancen für einen eigenständigen Buchenwald-Nationalpark im Serrahner Bereich wurden als relativ gering eingeschätzt. Nach dem Muster von Nationalparken anderer Länder, die aus mehreren Teilflächen bestehen, wurde daher mit dem Umweltministerium vereinbart, einen Gebietsvorschlag „Serrahn" als Teilfläche im Müritz-Nationalpark zu entwerfen und mit dem seit April 1990 bestehenden Aufbaustab für den Müritz-Nationalpark abzustimmen. Das Umweltministerium sah im Serrahner

Gebiet die Chance, den ersten deutschen Buchenwald-Nationalpark zu gründen. Der Naturschutzpark Feldberger Seenlandschaft sollte dieses Gebiet umschließen. In zahlreichen Gesprächen wurde versucht, die lokalen Entscheidungsträger für dieses Vorhaben zu gewinnen und einen Beschluss des Kreistages zu erreichen. Erheblichen Widerstand gegen das Vorhaben gab es von allen Ebenen der Forstverwaltung. Ein Kompromiss konnte nur dadurch erreicht werden, dass sowohl die noch ca. 100 Jahre älteren Buchenwälder des NSG „Heilige Hallen" in der Nähe Feldbergs als auch das Buchengebiet um Wilhelminenhof nicht in den Nationalpark einbezogen wurden.
Am 12. September 1990 beschloss der letzte Ministerrat der DDR in seiner letzten Sitzung als letzten Tagesordnungspunkt die Ausweisung von fünf Nationalparken, sechs Biosphärenreservaten und drei Naturparken, darunter war der Müritz-Nationalpark mit dem Serrahner Gebiet. Es war eine der Sternstunden in der mehr als 100-jährigen Geschichte des deutschen Naturschutzes.
Im Ergebnis der Überprüfung der ostdeutschen Wissenschaftseinrichtungen im Zuge der Vereinigung der beiden deutschen Staaten empfahl der Deutsche Wissenschaftsrat im Juni 1991, die Biologische Station Serrahn künftig als Außenstelle der Bundesforschungsanstalt für Naturschutz und Landschaftsökologie (BfaNL) mit dem Schwerpunkt populationsökologischer Untersuchungen an Pflanzen und Tieren weiterzuführen. Auf Betreiben des Landes Mecklenburg-Vorpommern wurde dieser Empfehlung nicht entsprochen und so endete am 31.12.1991 die fast 40-jährige wissenschaftliche Tätigkeit der Biologischen Station in Serrahn.

Serrahn – Teil des Müritz-Nationalparks

Mit der Gründung des Müritz-Nationalparks wurde die Schutzgebietsfläche um Serrahn auf 6.200 Hektar erweitert. Dadurch konnte ein deutlich größerer Ausschnitt der eis- und nacheiszeitlich geformten Landschaft mit allen typischen Elementen – Grundmoränen, Endmoränen, Sandergebieten, Wäldern, Seen und Moore – unter Schutz gestellt werden.
Der Nationalpark umfasste jetzt auch Buchenwälder, die sich östlich des Schweingartensees zwischen Goldenbaum, Grünow und Koldenhof an das alte Naturschutzgebiet anschließen. Ein Teil dieser Wälder hat eine ähnliche Vergangenheit wie das Serrahner Gebiet. Auch sie waren zwischen 1900 und 1945 Teil eines Wildparks, der sich bis Lüttenhagen erstreckte.
Mit dem Plasterinsee und dem Schulzensee kamen zwei weitere Klarwasserseen und außerdem zahlreiche Waldmoore hinzu. Durch die Gründungsverordnung wurde auch die Fläche der nutzungsfreien Wälder um Serrahn, an der Steinmühle sowie weiteren Flächen bei Grünow als sogenannte Kernzonen auf rund 1.000 ha wesentlich vergrößert.
Die Verbesserung des Natur- und Umweltschutzes gehörte zu den großen gesellschaftlichen Zielen sowohl der ostdeutschen Bürgerrechts- und Umweltbewegung als auch vieler ehrenamtlich sowie beruflich mit dem Naturschutz verbundener Menschen der DDR vor und in der Wendezeit. Das Nationalparkprogramm der letzten DDR-Regierung, in dessen Folge zahlreiche neue und große Schutzgebiete wie der Müritz-Nationalpark ausgewiesen wurden, war einer der spektakulärsten Erfolge der Umweltpolitik dieser Zeit. Es war darüber hinaus auch ein Anstoß, der in ganz Deutschland zu einer intensiven Diskussion über Naturschutzziele führte. Dabei wurde immer deutlicher, dass unter Nationalparken im internationalen Verständnis Gebiete ohne Nutzung verstanden werden. In dem stark nutzungsorientierten Deutschland war es bis dahin kaum vorstellbar, so große Flächen, wie sie jetzt zu den neuen Nationalparken gehörten, einfach der Natur zu überlassen. Die junge Nationalparkverwaltung wurde bei ihrem Be-

mühen zur Realisierung der Ziele und Umsetzung der Nationalparkverordnung aber auch recht bald mit den Nutzungsansprüchen von Förstern, Jägern und Fischern im Nationalparkgebiet konfrontiert. Es musste eine Strategie entwickelt werden, wie mit diesen Widersprüchen und Konflikten umgegangen werden sollte.
In Mecklenburg-Vorpommern wurde daher ein Konzept entwickelt, nach dem die Wälder im Nationalpark schrittweise der natürlichen Entwicklung überlassen werden. Danach sollte in älteren Wäldern mit heimischen Laubbäumen und Kiefern umgehend die forstliche Nutzung eingestellt werden. In jüngeren Beständen sollten noch Holzeinschläge durchgeführt werden können mit dem Ziel, auch diese Flächen in den nächsten Jahrzehnten aus der Nutzung zu entlassen. Ein sehr wichtiger Schritt bei der Umsetzung dieses Konzeptes war 1995 eine Entscheidung des damaligen Landwirtschaftsministers Dr. Martin Brick zur Zusammenlegung von Forst- und Nationalparkverwaltung zu Nationalparkämtern, die zum 1.1.1996 vollzogen wurde. Ein entsprechender, im Rahmen der Vorbereitung des Nationalparkteils Serrahn erarbeiteter Vorschlag konnte 1990 noch nicht umgesetzt werden. Mit dieser Zusammenführung waren die Konflikte zwischen den Nutzungsansprüchen der Einen und dem Schutzanliegen der Anderen zwar noch nicht gelöst, aber der Auseinandersetzung wurde die Spitze genommen. Die aktuellen Pläne sehen vor, bis 2018 im gesamten Müritznationalpark die Wälder weitgehend nutzungsfrei zu stellen.
Ein weiteres schwieriges Problem ist die Einstellung der Jagd. Der Ursprung des Serrahner Schutzgebietes liegt in einem herzoglichen Wildgatter und späterem Wildforschungsgebiet. Die Wilddichte war daher über den Zeitraum von 150 Jahren sehr hoch. Im Nationalpark hingegen besteht das Ziel in der Gewährleistung einer natürlichen Entwicklung des Waldes. Ist die Wilddichte zu hoch, dann werden insbesondere Keimlinge und junge Bäume beschädigt und damit die Prozessabläufe des Waldes gestört. Daher findet im Schutzgebiet gegenwärtig noch eine intensive Jagd statt. Die Diskussion darüber, ob die Jagd mit dem Schutzanliegen des Nationalparks vereinbar ist oder nicht, dauert an und es gibt wohl kaum ein Thema, in dem so viele Emotionen mitspielen.
Vor 40 Jahren war es für große Teile der Fachwelt in Deutschland noch unvorstellbar, dass sich ein Wald selbst erhält, wenn man die Nutzung mit Axt und Säge einstellt. Mittlerweile hat sich die Erkenntnis durchgesetzt, dass in Deutschland die gleichen Naturgesetze gelten, wie in den Schutzgebieten überall auf der Erde. Innerhalb weniger Jahrzehnte führt die natürliche Entwicklung in Mitteleuropa zu Waldstrukturen und Lebensgemeinschaften, die sich bei anhaltender forstlicher Nutzung nicht herausbilden können. Heute wird von den Urwäldern von morgen gesprochen. Nun geht es auch um die Verbannung der letzten Nutzungs- und Steuerungsmöglichkeit, die Regulierung der großen Tierarten durch die Jagd.
Als ein erster Schritt wurde 1998 eine große Jagdruhezone um Serrahn eingerichtet. Dieser Bereich ist jedoch zu klein für die Herausbildung natürlicher Regulationsmechanismen. Ein Zeichen dafür ist, dass die Wildtiere die große Scheu vor Menschen nicht ablegen. Es müssen weitere Schritte folgen und es wird noch lange dauern, bis die Beobachtung von Wildtieren, wie z. B. Hirsche und Rehe, für die Besucher des Nationalparks zur gleichen Selbstverständlichkeit wird, wie sie es schon in anderen Teilen der Welt ist.
Einen weiteren bedeutenden Lebensraumkomplex im Nationalpark bilden die Moore. Wichtigstes Ziel war und ist es, diese zu erhalten, vor Beeinträchtigungen zu schützen und entwässerte, geschädigte Moore durch Wiederherstellung des natürlichen Wasserhaushaltes zu renaturieren. Eine entscheidende Weichenstellung für die Moore im Serrahner Gebiet erfolgte bereits in den 1990er Jahren. Der ökologische Zustand der Moore und Feuchtgebiete wurde erfasst. Dabei wurde deutlich, dass die meisten entwässert

waren. In zahlreichen Abstimmungen gelang es durchzusetzen, dass die meisten Gräben verschlossen werden konnten, wie dies bereits in den 1970er und 80er Jahren für das Moos- und Bixbeerenbruch umgesetzt wurde. Die Renaturierung der Moore war und ist eine wichtige Aufgabe der Serrahner Nationalparkmitarbeiter.

Auch für die Seen gilt es, den natürlichen Zustand zu erhalten bzw. Störungen des Wasserhaushalts und Beeinträchtigungen des Nährstoffhaushalts zu beseitigen. Ein wichtiger Schritt dazu ist auch hier der Verschluss zu- und abführender Entwässerungsgräben. So werden einerseits die Nährstoffeinträge verringert und andererseits der Wasserhaushalt dem natürlichen Regime angepasst.

Zur Kontrolle der weiteren Entwicklung des Gebietes wird schrittweise ein Dauerbeobachtungsprogramm erstellt und umgesetzt. Einige der durch die Biologische Station Serrahn begonnenen Dauerbeobachtungen wurden weiter betrieben und führten inzwischen zu wertvollen Erkenntnissen, z. B. über die Entwicklung des Buchenwaldes, den Verlauf und die Ergebnisse von Renaturierungen der Moore oder die Situation in den nährstoffarmen Seen. Die in vielfältigen Projekten gewonnenen wissenschaftlichen Daten und Ergebnisse dienen vor allem der Einschätzung der Umsetzung der Nationalparkziele bzw. der Fortschreibung der in den Nationalparkplan aufgenommenen Entwicklungsvorhaben.

In Serrahn ist eine Außenstelle des Nationalparkamtes im instand gesetzten Forsthaus eingerichtet. Im gegenüberliegenden Gebäude wurde eine Ausstellung zum Weltnaturerbegebiet eröffnet.

Eine zweite Einrichtung der Nationalparkverwaltung befindet sich nur wenige Kilometer von Serrahn entfernt, am Ablauf des Grünower Sees. In der Steinmühle, einer ehemaligen Wassermühle, wurde ein Jugendwaldheim als Bildungsstätte des Müritz-Nationalparks eingerichtet.

Es ist hervorragend ausgestattet, um jährlich eine große Anzahl von Kindern und Jugendlichen mit Fragen des Schutzes der Natur, der Bedeutung ökologischen Wissens und der Nachhaltigkeit menschlichen Handelns vertraut zu machen. Eine besondere Anerkennung für das Serrahner Gebiet war die Aufnahme in das Weltnaturerbegebiet „Buchenurwälder der Karpaten und Alte Buchenwälder Deutschlands“ am 25. Juni 2011.

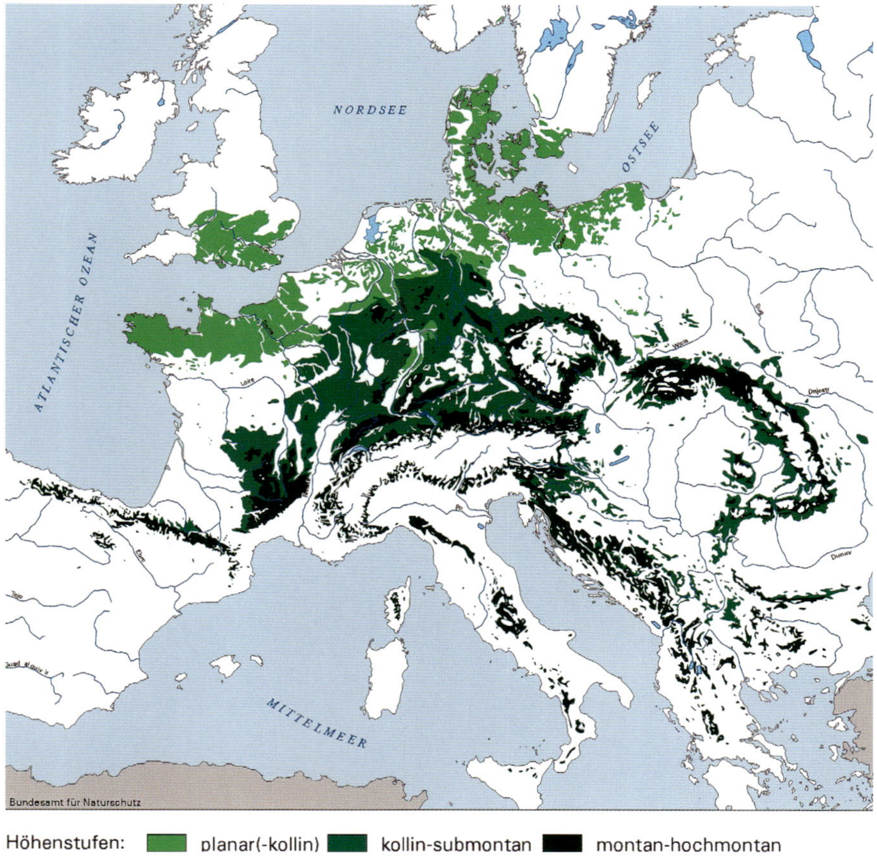

Weltverbreitungsgebiet der Rotbuche.

Blick auf das Kronendach des Serrahner Buchenwaldes.

UNESCO Welterbe

1972 beschloss die UNESCO das „Übereinkommen zum Schutz des Kultur- und Naturerbes der Welt" mit dem Ziel, herausragende Teile des natürlichen und kulturellen Erbes zu sichern und zu erhalten. Dazu wurde eine Liste angelegt, in die von den Staaten benannte und von einem UNESCO-Gremium bestätigte Objekte eingetragen werden. Dabei wird zwischen Kultur- und Naturerbestätten unterschieden. Von den gegenwärtig etwa 900 eingetragenen Objekten gehören nur 180 zu den Naturerbestätten. Dazu zählen so bekannte Gebiete wie die Galapagos-Inseln, der Baikalsee oder die Serengeti in Afrika. Seit 2007 gehören auch die „Buchenurwälder der Karpaten" mit Teilflächen in der Slowakei und der Ukraine dazu.

Deutschland hat dieses Übereinkommen ratifiziert und sich damit verpflichtet, Güter mit einem hohen Schutzwert für die Welt vorzuschlagen sowie alles für deren Erhalt zu tun. In Deutschland gibt es bisher 33 Welterbestätten. Dazu gehören der Kölner Dom sowie die Altstädte von Wismar und Stralsund. Die Fossiliengrube Messel und das Deutsche Wattenmeer sind als Naturerbestätten eingetragen. Im Jahre 2007 hat Deutschland einen Antrag für die Anerkennung von fünf Buchenwaldgebieten als Erweiterung der Welterbestätte „Buchenurwälder der Karpaten" beantragt. Am 25. Juni 2011 wurde der deutsche Vorschlag nach eingehender Prüfung angenommen. Neben den Buchenwäldern im Teilgebiet Serrahn des Müritz-Nationalparks gehören in Mecklenburg-Vorpommern Wälder im Nationalpark Jasmund, im Grumsiner Forst im brandenburgischen Biosphärenreservat Schorfheide-Chorin, im Nationalpark Hainich in Thüringen und im Nationalpark Kellerwald in Hessen dazu. Mit der Anerkennung wird Deutschlands hohe Verantwortung für den Schutz der Buchenwälder unterstrichen.

In Baumlücken mit hohem Lichteinfall bilden sich Horste von Buchenjungpflanzen unter den alten Bäumen.
Seite 52–53: In seit vielen Jahrzehnten nicht mehr genutzten Waldflächen entstehen urwaldähnliche Strukturen.

Wälder

Gleich von welcher Himmelsrichtung aus man den Nationalparkteil Serrahn betritt, es sind Wälder unterschiedlicher Alterszusammensetzung und Struktur, die den Charakter des Gebietes bestimmen. Sie nehmen den mit Abstand größten Teil der Fläche des Schutzgebietes ein. Vor allem die sehr alten und naturnahen Buchenwälder um Serrahn haben 1952 zur Gründung des Naturschutzgebietes, 1990 zur Ausweisung als Nationalparkteil und 2011 zur Eintragung in die Weltnaturerbeliste geführt. Diese Wälder konnten durch die verhältnismäßig geringe Nutzung bzw. Nutzungseinstellung eine fast ungestörte Entwicklung nehmen. Sie gehören zu den sehr wenigen Waldgebieten in Deutschland, die heute urwaldähnliche Verhältnisse aufweisen.

Entwicklung des Waldes nach der Eiszeit

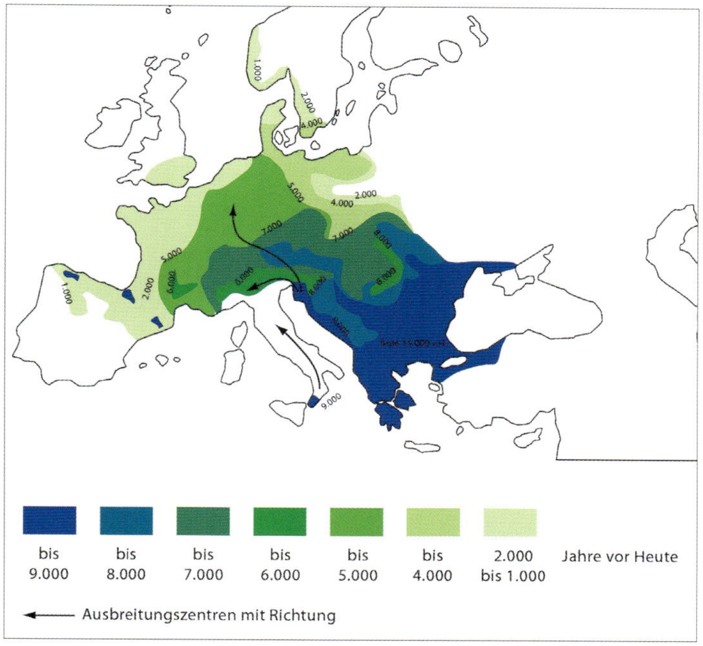

Rückzugsgebiete, Ausbreitungszentren und Ausbreitung der Buche in der Nacheiszeit.

Als das Inlandeis der letzten Kaltzeit durch die beginnende Erwärmung abschmolz, war die freiwerdende Fläche zunächst vegetationslos. Wie viele Pflanzenarten zogen sich auch die Bäume vor Eis und Kälte weit nach Süden zurück. Zwischen den Gletschern aus Skandinavien und denen aus dem Alpenraum hatten sich auf den eisfrei gebliebenen Flächen Vegetationsformen erhalten, die mit der heutigen Tundra Nordeuropas vergleichbar sind. Mit der fortschreitenden Erwärmung breitete sich im Verlauf von Jahrtausenden die Vegetation und mit dieser der Wald wieder flächenhaft aus. Durch die Untersuchung von Mooren lässt sich die nacheiszeitliche Entwicklung der Vegetation und der Verlauf der Einwanderung der verschiedenen Baumarten rekonstruieren (vgl. S. 109).

Nach dem Eisrückgang bildeten sich zunächst lichte Birken- und Kiefernwälder. Beide Baumarten verfügen über Samen, die vom Wind leicht über größere Entfernungen verbreitet werden. Mit zunehmender Erwärmung gesellten sich Haselnuss, Ulme, Eiche und Linde hinzu. Vor etwa 8.000 Jahren begann die Buche, von ihren Rückzugsgebieten im Mittelmeerraum sowie den Karpaten und Alpen kommend, ihr Verbreitungsgebiet nach Norden auszudehnen. Mit einsetzender Erwärmung und feuchterem Klima wurde dieser Prozess vor 5000 Jahren weiter beschleunigt. Es dauerte aber Jahrhunderte, ehe sie das Tiefland und die Ostseeküste erreichte, denn Buchensamen sind recht schwer und werden kaum vom Wind transportiert. Sie sind hauptsächlich auf die Verbreitung durch Tiere angewiesen. Möglicherweise hat dabei auch Wassertransport eine Rolle gespielt. Vermutlich haben aber auch schon die Menschen zur Verbreitung beigetragen. Innerhalb von rund 2.000 Jahren – zwischen 1000 v. u. Z und 1000 u. Z. – besiedelte die Buche fast flächendeckend Mitteleuropa, erreichte Südschweden, Nordostfrankreich, Norditalien und den Balkan. Je nach herrschenden Standortverhältnissen bildeten sich reine Buchenwälder oder Buchenmischwälder mit z. B. Eichen oder Kiefern. Buchen setzen sich bis in die Gegenwart unter den in Mitteleuropa herrschenden Bedingungen konkurrenzstark gegenüber anderen Baumarten durch. Sie haben ein weites klimatisches Spektrum und kommen in der Jugendphase auch mit geringen Lichtmengen zurecht.

Jungpflanzen können viele Jahrzehnte lang im Schatten hoher Bäume ausharren und bei ausreichendem Licht in wenigen Jahren durch beschleunigtes Wachstum entstandene Bestandslücken schließen. Daher bezeichnet man sie auch als Schattenbaumart. Ihre genetische Ausstattung ermöglicht die Besiedlung der verschiedensten Standorte. So waren die Buchen in der Lage, die bis dahin herrschenden Eichenmischwälder zu verdrängen und die absolute Vorherrschaft zu erringen. Buchenwälder wurden bereits durch die frühen Siedler vielfältig genutzt und verändert. Sie waren Lieferanten für Bau- und Brennholz und wurden als Weidegebiete für die Haustiere genutzt. Im Herbst nach dem Bucheckern- und Eichelfall dienten sie der Schweine-

mast. Dies war eine so bedeutsame Nutzungsform, dass es genaue Regeln dafür gab, wer, wo und mit wie vielen Tieren bestimmte Waldflächen nutzen durfte.
Schon im frühen Mittelalter, zur Zeit der slawischen Besiedlung um etwa 800 u. Z. und in den nachfolgenden Jahrhunderten, kam es mit Zunahme der Bevölkerung zu großen Waldrodungen, um auf den so gewonnenen Flächen Landwirtschaft betreiben zu können. Mit dem starken Bevölkerungsrückgang als Folge klimatischer Veränderungen, die zu Missernten führten , von Pestepidemien und des 30-jährigen Krieges wurden im 16. und 17. Jahrhundert größere Teile der landwirtschaftlichen Nutzflächen nicht mehr bearbeitet. Der Wald konnte sich wieder ausbreiten. Im 18. Jahrhundert wurden für den Betrieb von Glashütten, Köhlereien und zur Gewinnung von Buchenteer große Waldgebiete erneut gerodet. Auch die Serrahner Wälder unterlagen diesen Veränderungen. Etwas außerhalb des Nationalparkgebietes, an einem Feldweg zwischen Thurow und Zinow, ist noch heute ein Teerofen zu besichtigen.

Die Spuren des Großherzogs in den Serrahner Bergen

Die Böden im Bereich der Endmoräne bei Serrahn waren für die ackerbauliche Nutzung infolge ihres hohen Sand- und Kiesanteils nicht ertragreich genug. Daher konzentrierte sich die Landwirtschaft mehr auf die nährstoffreicheren Grundmoränenstandorte mit teilweise hohem Lehmanteil. Erschwerend kamen die großen Höhenunterschiede auf engem Raum hinzu, da die Endmoräne aus einer Kette von Hügeln und Senken besteht. Diese liegen z. T. unmittelbar nebeneinander und können Höhenunterschiede von 30–40 m aufweisen. Das Höhenrelief erinnert stellenweise mehr an

eine Mittelgebirgslandschaft als an das norddeutsche Tiefland. Zwischen dem tiefsten Becken des Schweingartensees (37 m über Meeresspiegel) und den Erhebungen der Serrahner Berge (121 m) liegen nur 1.400 m Luftlinie. Das sind vermutlich die Ursachen dafür, dass die Serrahnschen Berge über die letzten Jahrhunderte hinweg zum großen Teil bewaldet blieben. Neuere Bodenuntersuchungen weisen jedoch daraufhin, dass im frühen Mittelalter vorübergehend auch im Bereich der Endmoränen zeitweise Ackerbau und Weidewirtschaft betrieben wurden.
Zu Beginn des 19. Jahrhunderts gefielen dem Großherzog Georg von Mecklenburg-Strelitz diese Landschaft am Ufer des Großen Serrahnsees und der Buchenhochwald auf dem Hang der Endmoräne so sehr, dass er 1833 in Serrahn ein Jagdhaus errichten ließ und 1849 den Wildpark „Serrahn" einrichtete (vgl. S. 21f.). Während der herzoglichen Wildparkzeit wurde die Holznutzung eingeschränkt. Etwa

Die Buchenwälder im Alter von etwa 160–200 Jahren sind noch hallenartig aufgebaut. An vielen Stellen zeigen tote Stämme und junge Bäume aber auch die fortgeschrittene Differenzierung der Bestände.

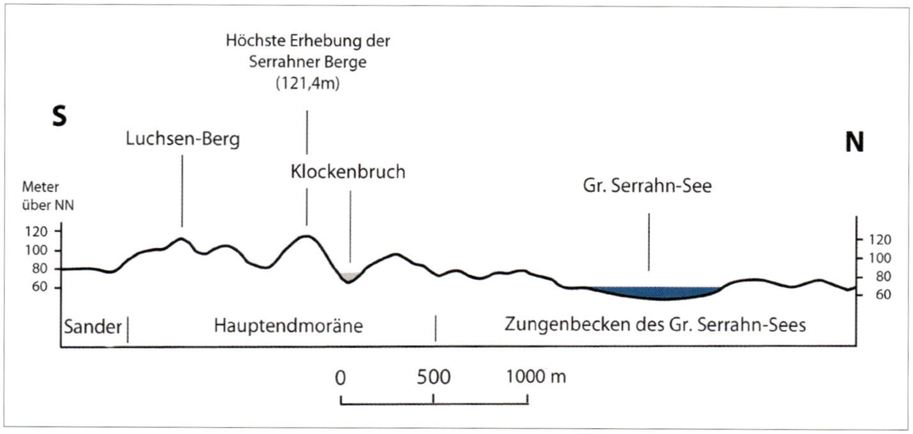

Geländeschnittdarstellung zwischen dem Großen Serrahnsee und der Endmoräne.

Damhirsche gehören nicht zu den heimischen Tierarten. Sie wurden im 19. Jh. in den Serrahner Wäldern als attraktive Jagdbeute angesiedelt.

in der gleichen Zeitperiode veranlasste der Herzog, dass nur etwa 20 km weiter östlich ein deutlich älterer Buchenwald in der Nähe des Dorfes Lüttenhagen bei Feldberg unter Schutz gestellt wurde. Wegen der wie Säulen in einem Dom wirkenden, schlanken, zum Himmel strebenden Buchen erhielt das Gebiet den Namen „Heilige Hallen". Es ist ein bis heute bestehendes Naturschutzgebiet mit dem deutschlandweit wahrscheinlich ältesten Buchenwald. Er hat inzwischen ein Alter von etwa 350 Jahren erreicht.

Mitte des 19. Jahrhunderts waren die Serrahner Wälder noch recht jung. Unter einem Schirm älterer Eichen und Buchen entwickelten sich die heute 180–230 Jahre alten Bäume. Am Weg von Serrahn nach Carpin liegen die Reste einer dieser mächtigen Eichen. Sie stürzte 1984 infolge eines heftigen Sturms und versperrte den Weg. Das Auszählen der Jahresringe ergab ein Alter von 350 Jahren. Dieser Baum hatte inmitten des 30 jährigen Krieges 1634 seinen Lebenszyklus begonnen. Die Baumringe lassen sich heute nicht mehr erkennen. Aber noch 30 Jahre nach dem Sturz liegt der Stamm am Weg und lässt seine einstige Größe erahnen.

Für die Jagd in den Serrahner Wäldern wurden sehr hohe Wilddichten vor allem an Rot- und Damhirschen gefördert. In den Unterlagen finden sich z. B. für das Jahr 1862 Angaben über ca. 32 Stück Damwild und Rotwild pro 100 ha Waldfläche im Gatter.

Diese Tierdichte war nur durch ständiges Zufüttern möglich. Dazu wurden Wildscheunen mit Futterstellen sowie Wildwiesen und Wildäcker angelegt und dabei manche Moorfläche entwässert. Junge Buchen konnten sich nur in extra eingezäunten Flächen entwickeln, in denen sie vor Wildverbiss geschützt waren. Bekannt ist auch die Existenz von Pflanzgärten, in denen Jungpflanzen zur Aufforstung herangezogen wurden.

Forstwirtschaft und Nachhaltigkeit

Auch in den Wäldern des Großherzogtums Mecklenburg-Strelitz hielt die Forstwirtschaft zu Beginn des 19. Jahrhunderts Einzug, deren Ziel es war, möglichst viel Holz zu produzieren, um den stetig wachsenden Bedarf zu befriedigen. Dazu wurden eine Forstverwaltung aufgebaut, die Wälder vermessen und in Forstreviere aufgeteilt. Das Forstrevier „Zerrahnsche Berge" reichte damals weit über die Serrahner Berge hinaus und schloss Flächen von Zinow bis Wokuhl, von der Alt-Strelitzer Gemeindegrenze bis östlich der Straße von Carpin nach Goldenbaum ein. Das Prinzip der forstlichen Nachhaltigkeit begann sich durchzusetzen. Es bedeutete, die Waldflächen zu erhalten und nur soviel Holz zu entnehmen wie gleichzeitig nachwuchs. Die Förster veränderten mit der Nutzung den Wald. Damit verbunden war auch ein Wandel in der Baumartenzusammensetzung und der Struktur der Wälder. Aus sich mehr oder weniger auf natürliche Art verjüngenden und wachsenden Wäldern wurde ein vom Förster gesteuerter Forst. Dieser entsteht durch Pflanzung einer Baumart auf großer Fläche, um möglichst schnell hohe Holzerträge zu sichern, oder durch eine gesteuerte Naturverjüngung. Das Wachstum wird durch regelmäßige Pflege und Eingriffe beschleunigt. Wege und Schneisen werden rasterartig angelegt und die gleichaltrigen, gegenüber Schadfaktoren anfälligen Bestände müssen durch Jagd und Schädlingsbekämpfung gesichert werden. Die Gleichaltrigkeit der Bäume ergibt eine einförmige Struktur und starkes Totholz fehlt zumeist völlig. Die Funktion des Waldes als Lebensraum für die natürlichen Artengemeinschaften ist dadurch sehr eingeschränkt.

Im Unterschied zum Naturwald (unten) führt eine forstlich gesteuerte Verjüngung (oben) der Buchen zu einem einheitlichen, wenig differenzierten Wald mit nur einer Baumgeneration.

Pilze

Pilze wurden viele Jahre lang von den Wissenschaftlern zu den Pflanzen gezählt. Heute werden sie in der Systematik der Lebewesen als eigene Gruppe zwischen Pflanzen und Tieren eingeordnet. Sie sind im Unterschied zu den Pflanzen nicht zur Photosynthese in der Lage. Daher müssen sie sich von organischen Stoffen ernähren, wie auch alle Tiere. Pilze haben eine sehr vielfältige ökologische Bedeutung, u. a. als Zersetzer toter organischer Substanzen im natürlichen Stoffkreislauf. Gleichzeitig spielen Pilze im Lebensprozess vieler Pflanzen, z. B. der Waldbäume, eine große Rolle. Einerseits ermöglichen sie den Bäumen eine bessere Nährstoffaufnahme aus dem Boden durch eine Verbindung des Pilzmyzels zu den Baumwurzeln. Andererseits werden Pilze zu Krankheitserregern, die in verletzte Baumindividuen eindringen und den Prozess des Absterbens einleiten. Für die meisten Menschen treten sie als beliebte Speisepilze in Erscheinung. Viel bedeutsamer ist aber, dass Pilze Krankheitserreger bei Kulturpflanzen, Tieren und Menschen sein können. Andere Pilzarten werden bei der Herstellung von Nahrungsmitteln, z. B. Käse, Brot oder Bier, eingesetzt.

V. l. n. r., obere Reihe: Buchen-Schleimrübling (1+3), Sparriger Schüppling, Zunderschwamm.
Untere Reihe: Porling, Igelstachelbart, Herbsttrompete, Hallimasch mit Johannisblasenlaus.

Die Bilder zeigen die Veränderung des Waldes im Mückengrund bei Serrahn. 1980 herschte ein weitgehend geschlossener Hallenwald vor (Seite 62). Vereinzelt waren erste junge Buchen zu sehen. Bis 2012 entwickelten sich in den immer häufiger werdenden Lücken, die durch das Absterben alter Bäume entstanden sind, zahlreiche junge Bäume (Seite 63).

Die Kronen der Buchen bilden ein geschlossenes Dach, so dass nur wenig Licht bis auf den Boden gelangt. Erst mit fortschreitendem Alter des Waldes bilden sich im Kronenraum durch sterbende Bäume Lücken, die nicht mehr geschlossen werden. In den Lücken herrschen Bedingungen, die die Entwicklung junger Buchen ermöglichen.

Auf dem Weg zum Urwald

Infolge der jagdlichen Interessen der Großherzöge und ihrer Nachfolger in der ersten Hälfte des 20. Jahrhunderts konnten die Bäume im Serrahner Gebiet deutlich älter werden, als dies in „normalen", vorwiegend der Holznutzung dienenden Wäldern der Fall ist. Auch die mit der Rotbuche bestandenen Flächenanteile blieben erhalten.

Mit der Einstellung der Holznutzung in den Totalreservaten des Naturschutzgebietes in der zweiten Hälfte des 20. Jahrhunderts entwickelten sich wieder urwaldähnliche Strukturen. Heute wachsen hier bereits mehrere Baumgenerationen auf engem Raum nebeneinander.

Dünne Stämme stehen im Schatten mächtiger Baumveteranen und zwischen ihnen liegen die Reste abgestorbener Bäume. Hier und da zeugt ein abgebrochener Stubben von der einstigen Stärke eines gewaltigen Baumes. Das Sterben eines alten Baumes zieht sich über Jahrzehnte hin. An den Stellen abgebrochener Äste können Pilze eindringen, das Holz zersetzen und Höhlen entstehen.

Irgendwann bricht der Stamm und der Baum verliert seine Krone. Während der verbleibende aufrecht stehende Rest teilweise neue Äste bilden kann, wird der auf dem Boden liegende Kronenteil von einer vielfältigen Gemeinschaft aus Pilzen, Insekten und anderen Lebewesen im Zeitraum von Jahrzehnten zersetzt. Der stabil erscheinende Buchenwald unterliegt somit ständigen Veränderungen, die durch die Entwicklung seiner einzelnen Bäume hervorgerufen werden. Eine Buche lebt von der Keimung bis zum Tod ca. 250–350 Jahre.

Durch die gleichartige Entwicklung mehrerer Bäume gleichen Alters lassen sich nebeneinander verschiedene Entwicklungsphasen unterscheiden und zu einem Entwicklungszyklus zusammenfassen. In den Serrahner Wäldern laufen diese Prozesse schon fast wie in einem Urwald auf kleinen Flächen und in enger Verzahnung ab. Der größte Teil des Buchenwaldes befindet sich seit ca. 100 Jahren überwiegend im Hallenwaldstadium. Diese Entwicklungsphase beginnt, wenn die Buchen ein Alter von etwa 70–80 Jahren erreicht haben und kann sich über ein bis zwei Jahrhunderte erstrecken. In diesem Stadium leben anfangs ca. 300–500 Bäume auf einem Hektar. Infolge von Konkurrenz sterben schwächere Individuen ab, so dass sich die Nachbarbäume besser entwickeln können. Am Ende des Hallenstadiums wachsen noch etwa 100 bis 200 Altbäume auf gleicher Fläche. Das Kronendach ist relativ dicht geschlossen. Dadurch

Stehendes und liegendes Totholz ist besonders wertvoll für die holzbewohnenden Lebensgemeinschaften.

erreichen nur etwa 5 % des Sonnenlichtes den Waldboden. Deshalb können sich dort nur wenige Pflanzenarten in der Krautschicht entwickeln. Mit zunehmendem Alter der Bäume geht das Hallenstadium in das Zerfallsstadium über.
Diesen Prozess, der sich über viele Jahrzehnte hinzieht, kann man auf kleineren Flächen am Weg von Carpin nach Serrahn beobachten. Die ersten Bäume erreichen das Ende ihrer Lebensspanne. Sie sterben ab, brechen und verletzen beim Fall weitere Bäume, die so schnellerem Pilzbefall ausgesetzt sind. Es entstehen mehr oder weniger große Lücken im Kronendach, die nicht mehr von den anderen Bäumen geschlossen werden.
Mehr Sonnenlicht dringt zum Bodenbereich vor und unter dem Schutz der verbleibenden Altbäume hat nun die nächste Baumgeneration bessere Entwicklungsmöglichkeiten. Im Wettbewerb um Licht und Nährstoffe wachsen

An der Zersetzung eines alten Baumes sind unzählige Lebewesen beteiligt. Während die Meisten sehr klein und unauffällig sind, gehören die Fruchtkörper des Astigen Stachelbartes zu den besonders auffälligen Pilzen.

die jungen Bäume über zwei Jahrhunderte wieder zu mächtigen Urwaldriesen heran. So führt das Entstehen und Vergehen der einzelnen Bäume zu ständiger Veränderung im Wald. In einem Urwald sind die Entwicklungen aber so kleinflächig ineinander verzahnt, dass der Bestand und das Lebensraumgefüge als Ganzes relativ konstant bleibt. In den Serrahner Wäldern wurden auf Untersuchungsflächen im Hallenwaldstadium auf einem Hektar bis zu 900 Festmeter Holz in den lebenden Bäumen festgestellt. Die höchsten Buchen werden höher als 40 m und erreichen einen Stammdurchmesser von über einem Meter. In den Buchenurwäldern der Waldkarpaten (Ukraine, Slowakei) erreichen einzelne Bäume ein Alter von 500 Jahren, Höhen von über 50 m und mehr als 150 cm Stammdurchmesser.

In bewirtschafteten Buchenwäldern werden solche Dimensionen nicht erreicht. Buchen werden im Alter von 120–160 Jahren gefällt, bevor das Zerfallsstadium einsetzt. In den Serrahner Buchenwäldern werden die Veränderungen der Waldstruktur seit über 50 Jahren beobachtet und dokumentiert. In den Untersuchungsreihen wird deutlich, dass sich mit der Zeit das oben für einen Urwald beschriebene Mosaik von Waldstrukturen herausbildet. Zu Beginn der Untersuchungen vor etwa 50 Jahren waren die Wälder überwiegend im Hallenstadium. Junge Bäume und Unterwuchs fehlten, so dass die Bestände weit einsehbar waren. Im Laufe der Jahrzehnte brachen einzelne Bäume oder kleine Gruppen zusammen und es entwickelten sich junge Buchenhorste. Die verbliebenen Stämme nahmen an Höhe und Stärke zu. Ein Teil der Bäume ist abgestorben und bildet als Totholz einen in bewirtschafteten Wäldern kaum vorhandenen Lebensraum für unzählige Tiere und Pilze. In einigen Untersuchungsflächen wurden bis zu 280 m^3/ha

Der mächtige Wurzelteller zeugt noch über Jahrzehnte von der ältesten Eiche des Serrahner Gebiets.

Totholz erfasst. Solche Mengen entsprechen bereits denen, wie sie in den Urwäldern der Ukraine oder Slowakei vorhanden sind. Von besonderer Bedeutung sind auch Wurzelteller. Sie entstehen beim Windwurf von Baumindividuen. Durch die z. T. mehrere Meter hohen Wurzelteller und die angrenzenden Vertiefungen bilden sich eine Vielzahl von Klein- und Kleinststrukturen, die von verschiedenen Arten als Lebensraum genutzt werden.

Die Grünower Buchen

Neben den seit Jahrzehnten nutzungsfreien Buchenwäldern in der Umgebung Serrahns wurden im Rahmen der Nationalparkgründung weitere Buchenwaldbereiche als Kerngebiete (ca. 310 ha) ausgewiesen, die bisher nicht zum Serrahner Naturschutzgebiet gehörten. Es handelt sich dabei um Flächen im Umfeld der Steinmühle und die so genannten Grünower Buchen. Diese Wälder erreichen mit 150–200 Jahren ein nicht ganz so hohes Alter wie die Serrahner Wälder. Sie befinden sich im Entwicklungsstadium des Hallenwaldes und zeigen hier und da den Beginn der Zerfalls- und Verjüngungsphase. Sie sind daher so etwas wie ein Zeitfenster, welches einen Blick auf eine frühere Entwicklungsphase der Serrahner Wälder gewährt. Auch die Grünower Buchen waren bis Mitte des 20. Jahrhunderts Bestandteil eines Wildparks. Zeitweise waren der Lüttenhagener und der Serrahner Wildpark sogar vereint. Nach deren Auflösung 1945 unterlagen die Wälder jedoch einer moderaten forstlichen Nutzung. Sie erreichen gegenwärtig aber nicht die Naturnähe und den Totholzreichtum des Serrahner Waldgebietes. Mit der Ausweisung des Nationalparks wurde auch hier die Nutzung eingestellt. In den vergangenen 20 Jahren haben daher die Anreicherung mit Totholz und die Zunahme der Strukturvielfalt eingesetzt. Der lange Weg zum Urwald hat hier gerade erst begonnen.

In der Kernzone bei der Steinmühle sind die Wälder noch nicht so reich mit Totholz strukturiert wie in der Serrahner Umgebung.

Die Stelzenwurzeln der Erlen sind eine Anpassung an das Leben in Bereichen mit wechselnden Wasserständen, in denen Buchen nicht überleben können.

Erlenwälder – Entwicklungschance durch Wasser

An flachen Verlandungsufern von Seen und in Mooren, an Stellen mit hohen Wasserständen, können Buchen nicht gedeihen. An diesen Standorten bieten sich für eine andere Baumart, die Erle, gute Lebensbedingungen. Erlen sind in der Lage, auch einen zeitweiligen Wasserüberstau zu überleben. Sie können dabei Stelzenwurzeln ausbilden, die sich bei zurückgehenden Wasserständen weit über den Boden erheben. Ähnliche Wälder entwickeln sich auch in den bereits verlandeten oder entwässerten Moorbereichen. Neben den typischen Verlandungsgesellschaften, die zunächst von Seggen, Moosen und Farnen geprägt werden, können sich an trockeneren Standorten Weidengebüsche und Erlen ansiedeln. Am Moorsteg bei Serrahn ist der Prozess der Bildung eines Erlen-Bruchwaldes gut zu beobachten. Dessen Entwicklung begann mit der Einstellung der Nutzung der Feuchtwiesen vor 60 Jahren. Auch in den beiden renaturierten Mooren Moos- und Bixbeerenbruch am Weg nach Carpin bildet sich an einigen trockeneren Standorten ein solcher Bruchwald heraus.

Kiefernwälder – Beginn der Entwicklung zum Buchenwald

In einigen Bereichen des Nationalparks gibt es noch ausgedehnte Kiefernwälder. Sie sind das Ergebnis der über lange Zeiträume währenden Nutzung und Veränderung der Wälder durch den Menschen. Im 18. und 19. Jahrhundert wurde die Nachfrage nach Holz durch die wachsenden Städte immer größer. Viele Wälder waren gerodet und die Flächen wurden als Weiden oder Felder genutzt. Dies war die Geburtsstunde der Forstwirtschaft und des Gedankens der nachhaltigen Nutzung der Baumbestände. Es wurden ausgedehnte Flächen aufgeforstet. Kiefern waren hierfür eine geeignete Baumart. Sie gehören auch in der natürlichen Waldentwicklung zu den ersten Bäumen,

Oben: Im Uferbereich der Seen wachsen mächtige Kiefern.
Links und Seite 72: In Kiefernwäldern entwickeln sich Eichen und Buchen, indem Tiere wie Eichelhäher die Samen verbreiten.

die sich auf einer offenen und nicht zu nassen Fläche ansiedeln. Zudem liefern sie wertvolles, zum Bau geeignetes Holz und versprechen hohe Erträge. Solche Aufforstungen betrafen besonders die Gebiete südlich der Endmoräne an der Goldenbaumer Landstraße, die auf älteren Karten noch baumfrei dargestellt werden. Auch in der natürlichen Waldentwicklung spielt die Kiefer eine wichtige Rolle. Als Pionierbaumart ist sie in der Lage, waldfreie Flächen rasch zu besiedeln. Beispiele dafür gibt es aktuell auf ehemaligen Truppenübungsgebieten im westlichen Teil des Müritz-Nationalparks in der Nähe der Dörfer Krienke und Granzin. Die Kiefern verändern die Bodeneigenschaften und bereiten damit die Entwicklung von Laubwäldern vor. In älteren Kiefernwäldern mit besseren Lichtverhältnissen können daher Laubbäume, vor allem Eichen aber auch erste Buchen gedeihen. Im Verlaufe der Jahrzehnte und Jahrhunderte „wandern" immer mehr Buchen in diese Flächen ein. So entstehen ohne das Einwirken der Menschen aus den Kiefernwäldern wieder Laubwälder. Diese unterschiedlichen Entwicklungsstadien lassen sich

an verschiedenen Stellen im Nationalpark beobachten. Im Fürstenseer Raum oder am Weg von Zinow nach Serrahn gibt es noch einige einförmige Kiefernbestände, in denen bisher kaum andere Baumarten eingewandert sind. In den älteren Kiefernwäldern hat sich aber schon ein mehr oder weniger dichter Bestand von Eichen und Buchen unter dem Kronenschirm der Nadelbäume entwickelt.
Die schönsten Kiefernexemplare befinden sich an den Seerändern. Manche sind schon 200 Jahre alt. Durch natürliche Wasserspiegelschwankungen oder Seeabsenkungen entstanden dort Landflächen, die von Kiefern besiedelt wurden. An diesen Stellen wird die weitere Entwicklung der Wasserstände darüber entscheiden, ob auch hier der lange Weg zum Buchenwald führt.

Der Frühlingsaspekt mit Anemonenflächen ist in den Serrahner Wäldern nur gering ausgeprägt.

Die Pflanzen- und Tierwelt der Buchenwälder

Vor allem in Abhängigkeit von den Nährstoffverhältnissen und dem Kalkgehalt der Böden bildet sich eine unterschiedliche Bodenvegetation heraus. Danach werden verschiedene Ausbildungsformen des Buchenwaldes unterschieden. Im Serrahner Gebiet sind verhältnismäßig arme Bodenverhältnisse vorherrschend. Kleinflächig kommen Böden mit lehmigen Anteilen vor. Hier gedeiht der Perlgras-Buchenwald. Das Einblütige Perlgras ist eine typische Pflanze der Krautschicht dieses Waldtyps, der als Leitgesellschaft des Buchenwaldes im Norddeutschen Tiefland gilt.
In manchen dieser Wälder mit etwas reicheren Böden wächst im Frühjahr ein dichter Bestand von weißblühenden Anemonen. Im Nationalparkteil sind diese Frühjahrsblüher nur sehr vereinzelt vorhanden. Verbreiteter ist hier der Schattenblumen-Buchenwald. Charakteristische Pflanzenarten dieses Waldtyps sind Schlängel-Schmiele, Behaarte Hainsimse und Sauerklee. Auf noch ärmeren Standorten entwickelt sich der Pillenseggen-Buchenwald. Neben Schlängel-Schmiele und verschiedenen Moosen können hier auch Arten wie Blaubeere und Heidekraut in der Krautschicht vorkommen. Infolge des überwiegend geschlossenen Kronendachs ist die Lichtmenge am Boden jedoch häufig so gering, das sich nur eine spärliche Vegetation in der Krautschicht ausbilden kann. Erst in der Zerfallsphase, bei höherem Lichteinfall, nehmen die Deckung der Krautschicht und die Vielfalt der Pflanzenarten deutlich zu. Durch die Strukturvielfalt, das hohe Alter der Serrahner Wälder und die über Jahrhunderte währende Waldbesiedlung der Flächen konnten zahlreiche Tierarten überleben, die in bewirtschafteten Wäldern keine oder nur geringe Chancen haben. Biologen gehen davon aus, dass in den

Buchenwäldern insgesamt 7.000 bis 10.000 Tierarten leben könnten. Die meisten davon gehören zu den wirbellosen Tieren. Von den totholzreichen Buchenwaldbeständen profitieren vor allem holzbewohnende Käferarten. Von dieser Tiergruppe konnten mehrere hundert Arten ermittelt werden, von denen ein großer Teil typische Strukturen benötigt, wie sie an alten Bäumen vorhanden sind, z. B. absterbende Äste, Höhlen oder stark strukturierte Borken. Daher ist es nicht verwunderlich, dass die Tierartenvielfalt in den Serrahner Wäldern deutlich höher ist als in forstlich genutzten Wäldern. Eine besondere Gruppe sind die so genannten Urwaldreliktarten. Diese Arten sind darauf angewiesen, dass die benötigten Lebensraumstrukturen wie z. B. das Vorkommen von alten Bäumen mit Höhlen sowie absterbende oder abgestorbene Bäume in enger Nachbarschaft, in hoher Dichte und über lange Zeiträume vorhanden sind. Sie sind nicht in der Lage, größere Entfernungen zu überwinden. In den deutschen Buchenwäldern wird mit etwa 30 dieser Reliktarten gerechnet. In den Serrahner Wäldern konnten bisher davon acht nachgewiesen werden. Hier kommt z. B. die Bunte Faulholzmotte, ein kleiner Schmetterling, der an alte Baumruinen und trockene Höhlen gebunden ist, vor. Auch der Eremit, eine Käferart, die etwa die Größe eines Maikäfers erreicht, gehört zu dieser Gruppe. Seine Larven leben im Mulm großer Baumhöhlen alter Bäume. Andererseits fehlen in Serrahn aber auch Reliktarten, die hier eigentlich vorkommen könnten. Dies zeigt sich auch bei den Pflanzen. Fachleute gehen von 164 Pflanzenarten aus, die nur in Wäldern vorkommen und ihren Verbreitungsschwerpunkt in Europa haben. Davon sind in Serrahn bisher 24 nachgewiesen. In den beiden anderen Tieflandbuchenwäldern des Welterbegebietes auf nährstoffreicheren Böden sind es mit 39 Arten (Jasmund) bzw. 59 (Grumsin) wesentlich mehr. Natürlich gibt es durch die jeweilige Lage, die Bodenbedingungen und Besonderheiten auch Unterschiede bei den nachgewiesenen Artenzahlen. Fachleute sind sich aber darüber einig, dass eine hohe Artenausstattung auch sehr eng mit der langfristigen Kontinuität der Lebensräume verknüpft ist. Wälder, die starken Veränderungen unterworfen waren, haben daher eine geringere Artenvielfalt als über Jahrhunderte oder gar Jahrtausende unverändert erhaltene Wälder. Im Vergleich zu forstlich bewirtschafteten Buchenwäldern der Umgebung weisen die Serrahner Wälder zwar ein unvergleichlich größeres Artenspektrum auf. Durch die in den letzten Jahrhunderten erfolgten unterschiedlichsten Nutzungen und Eingriffe sind es jedoch weniger Arten, als in einem echten Urwald zu erwarten wären. Langfristigkeit und Kontinuität

Der Eremit oder Juchtenkäfer ist zum Überleben auf alte, mit großen Höhlen ausgestattete Bäume angewiesen. Stürzt ein von ihm besiedelter Baum und stirbt ab, dann muss der relativ unbewegliche Käfer in der unmittelbaren Nähe einen neuen „Lebensbaum" finden, sonst geht die Population zugrunde.

Seite 75: Viele Schmetterlinge und Käfer sind nicht selten, werden aber durch ihre zurückgezogene Lebensweise kaum bemerkt. Von links oben nach rechts unten: Nagelfleck, Rotes Ordensband, Schwammspinner, Orion, Balkenschröter und Rotschwanzraupe.

Spechte schaffen durch den Bau von Höhlen erst die Lebensbedingungen für zahlreiche weitere Arten. Buntspecht (l. o.), Mittelspecht sowie Kleinspecht (l. u.) sehen sich recht ähnlich, haben jedoch unterschiedliche ökologische Ansprüche.

gehören daher zu den unwiederbringlichen Faktoren von natürlichen Lebensräumen. Das Fehlen dieser beiden Faktoren ist einer der wesentlichsten Unterschiede zwischen den „echten" Buchenurwäldern der Karpaten und den in Deutschland noch vorzufindenden Buchenwaldflächen.
Die Vögel stellen die mobilste und gleichzeitig die artenreichste Wirbeltiergruppe im Wald dar. Sie sind nicht so sehr an die langfristige Kontinuität des Lebensraumes gebunden und können schneller auf entstehende Strukturen reagieren, als etwa die oben beschriebenen Insekten. Un-

Rechts: Fischadler errichten ihre Horste häufig in den mächtigen Kronen alter Kiefern. Unten: Kleiber sind Höhlenbrüter und auf Baumhöhlen angewiesen.

tersuchungen haben gezeigt, dass die Vogeldichte, insbesondere die der Höhlenbrüter, in den alten ungenutzten Wäldern wesentlich höher ist als in genutzten Wäldern. In den jahrzehntelang nicht bewirtschafteten Flächen in Serrahn hat sich beispielsweise die Zahl der Kleiber, Waldbaumläufer, Bunt- und Mittelspechte verdoppelt. Diese Zunahme ist das Ergebnis des inzwischen entstandenen hohen Angebots an Alt- und Totholz. Eine Schlüsselstellung im Lebensgefüge der Vogelgemeinschaft der Wälder haben die Spechte. Sie schaffen mit dem Bau von Höhlen für zahlreiche weitere Höhlenbrüterarten erst die Existenzmöglichkeiten. Von den großen Spechten ist besonders der Schwarzspecht hervorzuheben. Im Serrahner Buchenwald ist dessen Dichte erheblich größer als in Wirtschaftswäldern. Dadurch stehen auch mehr große Höhlen für Nachnutzer, z. B. Hohltauben, Schellenten und Fledermäuse, zur Verfügung. Die Fledermäuse sind mit zahlreichen Arten vertreten. In einem seit Jahrzehnten nicht mehr bewirtschafteten Altbuchenbestand Serrahns konnten auf einer Fläche von 36 ha elf Arten erfasst werden. Darunter Seltenheiten wie Mopsfledermaus, Große Bartfledermaus, Großes Mausohr und Großer Abendsegler. In einer nur wenige Kilometer entfernten, aber bewirtschafteten Vergleichsfläche hingegen, waren es nur fünf Arten. Zwei kleinere Charaktervögel der Serrahner Buchenwälder sind Mittelspecht und Zwergschnäpper. Der Zwergschnäpper erreicht eine doppelt so hohe Dichte wie in naturnahen, aber genutzten Wäldern im Umfeld des Nationalparks.

Die großen Säugetiere, wie Wisent oder Elch, sind in Deutschland schon vor langer Zeit ausgerottet worden. Das gleiche Schicksal traf die Raubtiere, wie Wolf und Bär. Wölfe ziehen mittlerweile hier und da auch wieder durch

die norddeutschen Wälder. Der Serrahner Teil des Nationalparks ist jedoch zu klein, um als selbstständiges Wolfsrevier zu bestehen. Es ist aber sicher nur eine Frage der Zeit und der Jagdintensität im Nationalpark, dass diese Tiere wieder regelmäßig auftreten. Von den kleineren Raubtieren kommen Fuchs, Dachs, Baum- und Steinmarder vor. Nachdem in den 1980er Jahren die ersten Marderhunde beobachtet wurden, haben in den letzten beiden Jahrzehnten Waschbären als weitere Neubürger eine große Population gebildet. Der Einfluss dieser ursprünglich aus Asien bzw. Nordamerika stammenden Arten auf die heimischen Tierarten ist kaum einschätzbar. Von den größeren Säugetieren kommen Damhirsche und Rehe am häufigsten vor. Rothirsche gibt es vor allem im Grünower Raum. Der Jagddruck auf die großen Säugetiere ist aber auch im Nationalpark so hoch, dass die Tiere sehr scheu sind und nur selten beobachtet werden können.

Seite 78 v. o.: Fuchs und Dachs sind die größten Raubtiere und Rothirsche die größte Tierart im Nationalpark.

Buchen

Zur Pflanzenfamilie der Buchengewächse gehören neben den Buchen auch die Eichen und die Eßkastanien. Zu den eigentlichen Buchen zählen 14 Arten, die alle ihren Lebensraum in der nördlichen gemäßigten Zone Europas, Asiens und Amerikas haben. Alle Arten sind sommergrün und werfen das Laub über die Wintermonate ab. Die Vorkommen der Rotbuche (***Fagus sylvatica***) sind auf Europa beschränkt.
Sie bildet überwiegend reine Buchenwälder aus, unter bestimmten Bedingungen ist sie auch mit Eichen (im Tiefland) oder mit Tannen und Fichten (im Bergland) vergesellschaftet. Obwohl die Rotbuche ein breites genetisches Potenzial besitzt, bevorzugt sie Lebensräume mit ausreichenden Niederschlägen (ca. 650 mm/Jahr) und meidet als Tiefwurzler Standorte mit hohen Grundwasserständen. Sie ist in der Lage, mit relativ geringen Lichtverhältnissen zurechtzukommen und wächst bis ins hohe Alter. Sie kann noch als 200-jähriger Baum entstehende Lücken im Wald durch verstärktes seitliches Kronenwachstum schließen.
Da Rotbuchen relativ frostempfindlich sind, treiben sie in der Regel erst nach den letzten Frösten Ende April/Anfang Mai aus.
Die Buche verfügt lange Zeit über eine recht glatte graue Rinde, die erst in der Altersphase zu einer Borkenbildung neigt. Im Herbst bilden sich in einem markanten Fruchtbecher 2–3 braune, typisch dreikantig geformte Bucheckern.
In periodischen Abständen von einigen Jahren gibt es eine regelrechte Massenausbildung der Samen, man spricht dann von so genannten Buchenmastjahren.

Urwälder

Urwälder sind natürliche Waldlebensgemeinschaften, die sich ohne menschlichen Einfluss in ihrer Artenzusammensetzung, Alterstruktur und Dynamik entwickeln. Wirklich große zusammenhängende Urwälder existieren fast nur noch außerhalb Europas. Die größten zusammenhängenden Urwälder sind die Nadelwälder der russischen Taiga und Nordamerikas, der Amazonasregenwald Südamerikas und die Regenwälder Südostasiens und Zentralafrikas. Etwa 36 % der Wälder der Erde können noch als Urwälder bezeichnet werden. Beängstigend ist, dass jährlich rund 6 Millionen Hektar Urwald vernichtet werden.

In Europa sind Urwälder bis auf geringe Reste zerstört. Größere Flächen existieren noch in den skandinavischen Gebirgen (Nadelwälder) oder in den Waldkarpaten von Rumänien, Ukraine und Slowakei (Buchenwälder). Kleine Flächen gibt es auch im Alpenraum, so z. B. der ca. 500 ha große Rothwald im Gebiet Dürrenstein in Österreich, der vermutlich seit der nacheiszeitlichen Entwicklung nicht bewirtschaftet wurde. Auch der Bialowieza-Urwald im Grenzgebiet zwischen Polen und Weißrussland stellt einen ursprünglichen Wald dar.

Keimende Rotbuchen.

Deutschland – ein Buchenland

Ohne menschliches Wirken wäre der weitaus größte Teil der Landfläche Deutschlands von Buchenwäldern bedeckt. Die von der Rotbuche dominierten Laubwälder sind auf Europa beschränkt und Deutschland befindet sich im Zentrum ihrer Verbreitung.

Rotbuchen kommen vom norddeutschen Tiefland bis in die Gipfellagen der Mittelgebirge vor. Buchen prägten einst das Bild der letzten mitteleuropäischen Urwälder. Diese gibt es in Deutschland jedoch schon seit Jahrhunderten nicht mehr. Die heute noch vorhandenen Wälder haben nur wenig mit diesen Urwäldern zu tun. Infolge der Rodungen der letzten Jahrhunderte sind nur noch 31 % der Landfläche Deutschlands von Wäldern bedeckt. Aktuell gibt es hier noch rund 1,6 Mio. ha Buchenwälder. Das entspricht nur etwa 4,4 % der Fläche Deutschlands. Nicht nur die Fläche, sondern auch die natürliche Baumartenzusammensetzung und die Strukturen der Wälder wurden stark verändert. Urwälder sind von einer großen Strukturvielfalt und dem Nebeneinander unterschiedlich alter Bäume geprägt. Auffällig sind dabei besonders die alten Baumriesen. Diese Faktoren sind von besonderer Bedeutung für die Vielfalt der Pilze, Pflanzen und Tiere. Aussehen und Struktur heutiger Wälder werden dagegen vor allem durch die Anforderungen der Holzproduktion bestimmt. Die Buchen werden gefällt, lange bevor sie alt genug sind, um Strukturen auszubilden, die überlebenswichtige Voraussetzung für die Existenz zahlreicher Waldtiere sind. Baumhöhlen, kränkelnde, sterbende oder bereits vermodernde Bäume gibt es im Wirtschaftswald nur sehr selten.

Die Holznutzung dringt in Deutschland bis in den letzten Winkel der Schutzgebiete vor. Die Roten Listen der Arten, die auf alte reich strukturierte Wälder in einer ausreichenden Flächengröße angewiesen sind, werden immer länger.
Daher gibt es seit vielen Jahren die Forderung von Ökologen auch in Deutschland größere Waldflächen aus der Nutzung zu nehmen und der natürlichen Entwicklung zu überlassen. Gegenwärtig macht der Anteil ungenutzter Buchenwälder in Deutschland nur 0,14 % der Landfläche aus. Die jetzt als Weltnaturerbe ausgewiesenen Flächen stellen die wertvollsten Teile dieser Wälder dar. Die Anerkennung dieser Gebiete durch die UNESCO unterstreicht die Bedeutung ungenutzter Wälder in Deutschland und macht gleichzeitig deutlich, wie winzig klein diese Flächen sind.
Ein Land wie Deutschland, in dem täglich noch immer ca. 120 ha Bodenfläche (das entspricht etwa alle zwei Tage der Fläche der als Weltnaturerbe in Serrahn ausgewiesenen Wälder) bebaut werden, muss sich den Schutz von größeren Anteilen der letzten naturnahen Wälder leisten können. Deutschland ist eines der reichsten Länder dieser Welt und es ist groß bei der Forderung nach Urwaldschutz gegenüber Entwicklungsländern in Südamerika, Afrika oder Asien. Bei der Umsetzung von Naturschutzzielen im eigenen Land gehört es dagegen zu den Zwergen. Es bleibt zu hoffen, dass die Weltnaturerbe-Anerkennung für diesen Zwerg auch einen Wachstumsschub im deutschen Waldnaturschutz ermöglicht und das UNESCO-Prädikat auf andere Buchenwälder in Mecklenburg-Vorpommern und die übrigen deutschen Bundesländer ausstrahlt.

Blick aus der Vogelperspektive auf das Weltnaturerbegebiet Serrahn. Im Hintergrund sind großflächige Kiefernforste zu sehen.

Seite 86: Bemooster Stammfuß einer alten Buche. Oben: Zusammengebrochener Buchenstamm.

Seen

Seen gehören ebenso wie Moore zu den nacheiszeitlichen Bildungen in der nordostdeutschen Landschaft. Ihre Entstehung nach dem Ende der Eiszeit und die weitere Entwicklung sind recht unterschiedlich verlaufen. Häufig haben Gletscher und Schmelzwasser lang gezogene Gletscherzungenbecken, wie den Großen Serrahnsee, ausgeschürft und -gespült.
Oft zerfiel der Eispanzer mit der Erwärmung aber auch in einzelne unterschiedlich große Eisblöcke. Diese Blöcke konnten von den Erd- und Steinablagerungen der Gletscher überdeckt werden. Nach dem Auftauen des Eises entstanden unterschiedlich große und tiefe Senken, die sich wie die Gletscherzungenbecken mehr oder weniger schnell mit Wasser füllten.
Neben den ausgedehnten Buchenwäldern der Serrahner Berge waren der Große Serrahnsee und der Schweingartensee von großer Bedeutung für die Unterschutzstellung. Deshalb wurde das Naturschutzgebiet 1952 nach ihnen benannt. Beide Gewässer waren ehemals zu- und abflusslos. Sie wurden von Niederschlägen und Grundwasserzuflüssen gespeist. Nur wenige hundert Meter voneinander entfernt, durch die Hügelkette eines Endmoränenbogens getrennt, befinden sich beide Seen in unterschiedlichen Wassereinzugsgebieten. Zwischen ihnen verläuft eine so genannte Wasserscheide. Der Große Serrahnsee entwässert zur Ostsee, während der Schweingartensee über Havel und Elbe zur Nordsee entwässert. Trotz der geringen Entfernung liegt der Schweingartensee mit 72 m über dem Meeresspiegel etwa 5 m höher als der Große Serrahnsee. Von besonderer Bedeutung sind die in der Nähe des Neustrelitzer Ortsteils Fürstensee gelegenen Gewässer Zwirnsee, Großer Fürstenseer See und Hinnensee. Es sind sehr klare und nährstoffarme Seen, die ihren natürlichen Zustand bis heute weitgehend erhalten haben. Außer im Serrahner Gebiet sind solche Seen auch im westlichen Teil des Müritz-Nationalparks und im nahe gelegenen Feldberger Gebiet zu finden. Im Serrahner Teil des Müritz-Nationalparks nehmen die Gewässer rund 400 ha ein, das entspricht etwa 7 % der Gesamtfläche. Neben den größeren Seen gibt es eine Vielzahl kleinerer Standgewässer insbesondere in der Umgebung von Goldenbaum, die als Lebensraum für Lurche und Insekten sehr wichtig sind. Es

Wie eine Fata Morgana scheint der Lindwerder über der Wasserfläche des Schweingartensees zu schweben.

Im Wasser der Seen leben mikroskopisch kleine Lebewesen, die als Plankton bezeichnet werden. Algen sind Formen des Phytoplanktons, von denen viele keine deutschen Bezeichnungen haben (Volvox, Pediastrum, Goldalge, Jochalge v. l. o. nach r. u.). Der Wasserfloh (unten) gehört zu den tierischen Planktonarten.

handelt sich dabei häufig um mit Wasser gefüllte Senken, die als Sölle bezeichnet werden. Hier kann man im Frühjahr während der Paarungszeit an warmen Abenden das Rufen der selten gewordenen Rotbauchunken hören. Für die Einschätzung der Qualität eines Gewässers wird neben den Nährstoffverhältnissen insbesondere auch die Situation der Unterwasserpflanzen betrachtet. Diese Pflanzengruppe ist für die Erhaltung der Wasserqualität von großer Bedeutung. Einen guten Allgemeinzustand weisen tiefe Klarwasserseen auf, in denen Wasserpflanzen in Tiefen von mehr als 8 m vorkommen. Hier können 20 bis 30 Arten existieren, die große Teile des Gewässergrundes besiedeln. In flachen Seen kann der gesamte Boden bewachsen sein.

Bereits im Mittelalter wurden Eingriffe in den Wasserhaushalt vieler Seen vorgenommen. Dies trifft auch für die Gewässer des Nationalparks zu. Aus unterschiedlichen Gründen wurden Gräben zur Regulierung der Wasserstände angelegt, z.B. um den kontinuierlichen Betrieb von Mühlen zu sichern oder um nutzbares Land zu gewinnen. Seen unterliegen natürlichen Alterungsprozessen, die je nach Tiefe, Größe und Nährstoffeinträgen früher oder später zur Verlandung führen. Durch massive Wasserspiegelabsenkungen ist die natürliche Seenalterung in den von Natur aus relativ flachen Gewässern, wie z. B. Haussee, Großer Serrahnsee, Scharmünzelsee und Güsterpohl, stark beschleunigt worden. Dabei reichern sich Nährstoffe im See an, die zu einer als Algenblüte bekannten massenhaften Planktonbildung führen. Bei solchen Massenentwicklungen können mehrere zehntausend Algen in einem tausenstel Liter Seewasser auftreten. Nach dem Absterben sinkt dieses Plankton auf den Seegrund. Im Laufe der Jahre bilden sich so umfangreiche Ablagerungen und der Verlandungsprozess des Gewässers wird beschleunigt. Sind zu viele Nährstoffe im See vorhanden, erstrecken sich die Algenmassenentwicklungen über län-

gere Zeiträume. Dadurch nimmt die Lichtdurchlässigkeit des Wassers ab. Die am Gewässergrund wachsenden Unterwasserpflanzen erhalten zu wenig Licht und sterben ab bzw. besiedeln nur noch Flachwasserbereiche, in denen ein für ihre Lebensprozesse ausreichendes Lichtangebot zur Verfügung steht. Diese Entwicklung ist gegenwärtig an der Situation der Unterwasserpflanzenbestände in einigen Seen im Nationalpark, wie z. B. im Schweingartensee oder in den Schäfereien Pöhlen, zu erkennen.
Die Nationalparkverwaltung versucht daher, einige der eingetretenen Entwicklungen durch das Verschließen von Gräben, die nährstoffreiches Wasser zuführen, und das Anheben von Wasserständen zu verringern. Auch wenn die Schäden der Vergangenheit dadurch nicht rückgängig gemacht werden können, wird zumindest die zukünftige Entwicklung positiv beeinflusst werden.
Einige der Seen des Nationalparks sollen im Folgenden ausführlicher vorgestellt werden.

Großer Serrahnsee

Dieser ehemals mehr als 100 Hektar Fläche umfassende relativ flache See wurde im 19. Jahrhundert im Zusammenhang mit dem Bau der Straße Neustrelitz-Feldberg (heutige B 198) deutlich abgesenkt.
Im Ergebnis bildete sich das große Moorgebiet des Serrahnbruchs mit drei Restseen. Nördlich der B 198, also außerhalb des Nationalparks, befindet sich der „Kleine Serrahnsee“. Südlich der B 198 entstand ein großes Verlandungsmoor mit dem „Großen Serrahnsee“ und „Haus-

Die Krebsschere (oben) ist eine Pflanze, die sowohl unter als auch über Wasser lebt. Die Zierliche Moosjungfer (Mitte) ist eine der seltensten Libellen im Nationalpark, während die Nordische Moosjungfer im Frühsommer häufig am Serrahnbruch zu beobachten ist (unten).

Das Serrahnbruch mit dem Großen Serrahnsee (Vordergrund) und dem Haussee ist die größte Moorfläche im Serrahner Nationalparkteil. Vor der Wasserspiegelabsenkung im 19. Jahrhunderts befand sich hier ein zusammenhängender See.

see". Etwas weiter westlich befindet sich der bereits weitgehend verlandete Scharmünzelsee. Dieses sehr flache Gewässer hat eine seltene Wasserpflanzengesellschaft ausgebildet, die sich aus einigen Armleuchteralgenarten und der Krebsschere zusammensetzt und den Lebensraum für eine vielfältige Libellenfauna bildet. Alle vier Seen sind von großflächigen Verlandungsmooren umgeben, die einen unmittelbaren Zugang zu den Wasserflächen ausschließen. Der Wanderweg von Serrahn nach Zinow führt aber zu einer Aussichtsplattform am Ufer des Großen Serrahnsees, die einen beeindruckenden Blick auf das Moor und die offene Wasserfläche ermöglicht. Die Untersuchungen von Haussee und Großem Serrahnsee ergaben, dass beide Restgewässer nicht mehr in direk-

ter Verbindung stehen. Der lange Zeit noch vorhandene Verbindungsgraben ist zugewachsen. Die Wassereigenschaften und die Artengemeinschaften der Wasserpflanzen zeigen heute eine unterschiedliche Entwicklung.
Besonders auffällig ist die verschiedene Wasserfärbung. Während der Haussee infolge der starken Braunfärbung des Wassers keine Unterwasservegetation aufweist, kann man im Großen Serrahnsee bis auf den Grund sehen. Hier hat sich eine weitgehend flächendeckende Unterwasservegetation ausgebildet. Wie Untersuchungen der letzten 40 Jahre ergaben, unterliegt diese in der Flächenausdehnung und Artenzusammensetzung großen natürlichen Schwankungen.
In beiden Seen wurde 1978 die fischereiliche Nutzung eingestellt. Sie erhielten somit den Status von Totalreservaten. Ein Vergleich der Fischfauna der 1970er und 1980er Jahre mit der des Jahres 2007 zeigt, dass auch hier die Artenzusammensetzung gewissen Schwankungen unterliegt. Bei einigen Arten gingen die Bestände zurück, z. B. bei Schlei und Karausche, bei anderen gibt es eine Zunahme, z.B. bei Plötze, Güster und Barsch. Seitdem keine Besatzmaßnahmen mehr erfolgten, scheint der Aal verschwunden zu sein.
In den letzten Jahrzehnten wurde der Wasserstand im Großen Serrahnbruch als wichtige Erhaltungs- und Schutzmaßnahme schrittweise angehoben. Dadurch wird das Wasserregime wieder näher an den natürlichen Zustand geführt, der stetig fortschreitende Verlandungsprozess verzögert und der Lebensraum für eine große Anzahl gefährdeter Moorpflanzen- und Tierarten gesichert.

Schweingartensee

Etwa in der Mitte des Wanderweges zwischen dem Eingangsbereich Dianenhof/Carpin an der B 198 und der Siedlung Serrahn befindet sich der Schweingartensee. Von hier aus hat man zu jeder Jahreszeit einen beeindruckenden Blick über die Wasserfläche zur Insel Buchwerder und auf die Buchenwälder am gegenüberliegenden Ufer. Das etwa 52 ha große Gewässer besteht aus mehreren unterschiedlich tiefen Seebecken, die vermutlich durch unterschiedlich große Toteisblöcke der abtauenden Gletscherzunge entstanden sind. Während die Becken im Nordteil des Sees maximal 6–8 m Tiefe erreichen, setzt sich das starke Höhenrelief der Ufer im südlichen Bereich bis in 31 m Wassertiefe fort. Damit ist der Schweingartensee der tiefste See des Müritz-Nationalparks.
Die Becken unterscheiden sich aber auch in anderer Hinsicht, z. B. in der Durchsichtigkeit des Wassers (Sichttiefen), in den Artengemeinschaften und den Nährstoffverhältnissen. Bis vor wenigen Jahren wurde der See durch einen Graben entwässert, der angelegt wurde, um ganzjährig ausreichende Wassermengen für den Betrieb der ehemaligen Willertsmühle zu sichern. Der Schweingartensee fungierte gewissermaßen als sehr großer „Mühlteich“. Sein Wasserspiegel wurde dadurch abgesenkt und unterlag zugleich starken jahreszeitlichen Schwankungen, die jährlich bis zu 90 cm betrugen. Seit dem Verschluss dieses Abflussgrabens vor einigen Jahren stieg der Wasserspiegel erheblich an und der See nimmt allmählich sein ursprüngliches Terrain wieder ein. Mit dem Wasseranstieg

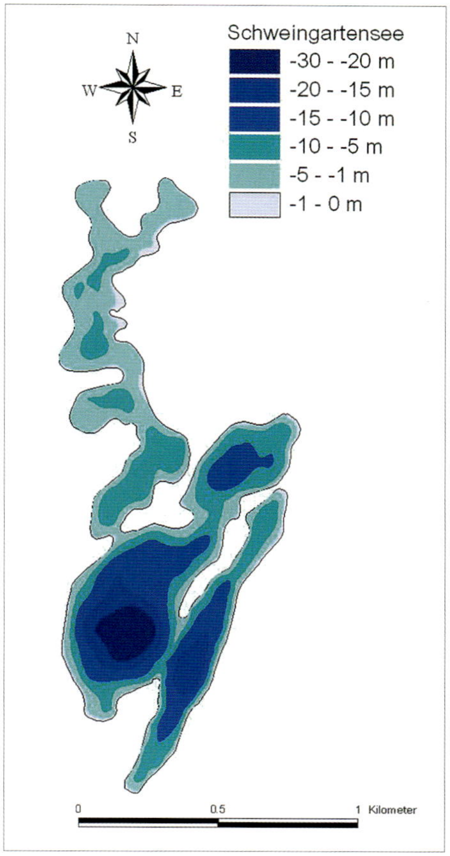

Die Tiefenkarte des Schweingartensees macht die starke Differenzierung der Seebecken deutlich.

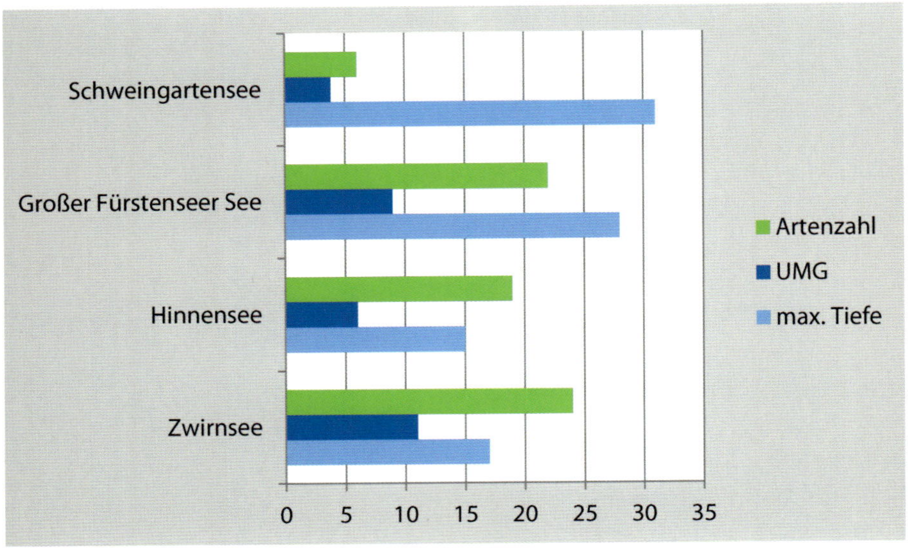

Die Grafik zeigt die Artenzahl in den beschriebenen Seen, die Wassertiefe in Meter, bis zu der höhere Wasserpflanzen vorkommen (UMG) sowie die maximale Gewässertiefe.

Der Schweingartensee hat viele Gesichter.

haben sich aus den drei Halbinseln Buchwerder, Lindwerder und Steinwerder wieder Inseln gebildet. Dieser Anstauprozess ist auch die Ursache für das Absterben der Bäume im z. T. überfluteten Uferbereich. Trotz dieser Maßnahmen ist der See noch weit von seinem ursprünglichen Zustand entfernt. Neben der Veränderung des Wasserspiegels hat sich durch die menschlichen Eingriffe auch die Wasserqualität völlig verändert. Aus mehreren unmittelbar angrenzenden Mooren und aus der Goldenbaumer und Bergfelder Feldmark wurden schon vor Jahrhunderten Entwässerungsgräben zum Schweingartensee angelegt. Das zugeführte Wasser enthielt große Mengen an Nähr- und Huminstoffen. Es wurden Konzentrationen des Pflanzennährstoffs Phosphat gemessen, die bis 100-fach über den Werten im See lagen. Die braune Wasserfärbung des Sees, die man sonst nur aus Moorgewässern kennt, ist ebenfalls eine Folge dieser Einträge. Das für die Photosynthese notwendige Sonnenlicht kann nur noch wenige Meter in das Wasser eindringen, zu wenig für das Überleben einer dichten Unterwasservegetation. In den 1960er Jahren wurden noch 11 Arten der Unterwasserpflanzen im Schweingartensee festgestellt, die bis in Tiefen von 5–6 m wuchsen. In den letzten Jahren konnten nur noch 6 Arten bis in 3,8 m Wassertiefe nachgewiesen werden. Bereits in den 1980er Jahren wurde daher begonnen, einige der künstlichen Zuflüsse zu verschließen. Als letzter Schritt wurde im Winter 2012 auch das Wasser aus der Carpiner und Bergfelder Feldflur vor dem See abgefangen und umgeleitet. Die Nationalparkverwaltung konnte damit einen großen Anteil dieser Zuflüsse unterbinden und so die Vorraussetzungen schaffen, dass sich die Wasserqualität im See langfristig wieder verbessern kann. Perspektivisch könnte er einmal ebenso nährstoffarm und klar werden, wie die folgenden drei großen Seen im südlichen Bereich des Gebiets.

Im Jahr 2000 war der Wasserstand im Großen Fürstenseer See so niedrig, dass flache Stellen und Uferstreifen im Luftbild gut zu sehen sind. Links im Hintergrund ist der Zwirnsee erkennbar. Der rechte Gewässerarm geht in den nördlich anschließenden Hinnensee über.

Zwirnsee, Großer Fürstenseer See und Hinnensee

Diese drei Seen befinden sich im Sandergebiet in der Nähe des Neustrelitzer Ortsteils Fürstensee. Sie gehören deutschlandweit zu den am besten erhaltenen nährstoffarmen Seen. Die guten Bedingungen sind darauf zurückzuführen, dass sie vorrangig von Niederschlags- und Grundwasser gespeist werden. Die Flächen des Wassereinzugsgebiets sind fast völlig von Wäldern bestanden. Die sandigen Waldböden verfügen über ein sehr gutes Reinigungsvermögen bei der Grundwasserbildung und es gibt keine Nährstoffbelastung durch Zuflüsse bzw. Einträge aus landwirtschaftlich genutzten Flächen.
Der Nährstoffgehalt des Wassers und die davon abhängi-

Armleuchteralgen (*Characeen*)

Armleuchteralgen (*Characeen*) sind eine Pflanzenfamilie der Algen mit relativ wenigen Arten. In nährstoffarmen Seen waren diese einst weit verbreitet und kamen bis in Tiefen unter 20 m vor. Infolge der Eutrophierung sind viele Arten stark gefährdet. Nur wenige Arten tolerieren höhere Nährstoffkonzentrationen und können unter diesen Bedingungen mit anderen Pflanzen konkurrieren. Alle Arten weisen einen relativ einheitlichen Wuchs auf, der durch die regelmäßige Anordnung von Seitenverzweigungen an der zentralen Achse gekennzeichnet ist. Da dies entfernt wie ein Armleuchter aussieht, wurden die Pflanzen danach benannt. Durch Kalkeinlagerungen fassen sich die Pflanzen recht rau an und sind sehr brüchig. Unter geeigneten Lebensbedingungen bilden die *Characeen* großflächige Unterwasserrasen. Manche Arten bevorzugen Flachwasserbereiche und haben hier einen relativ zarten Wuchs. Andere wiederum sind die am tiefsten vordringenden Pflanzen eines Sees und bilden die untere Besiedlungsgrenze. Unter optimalen Bedingungen können manche Individuen Höhen von bis zu 1,5 m erreichen.

ge Konzentration des Planktons sind maßgeblich für die Klarheit des Wasser und die Anzahl der Unterwasserpflanzenarten, die in einem See vorkommen.
Eine Gruppe der Unterwasserpflanzen, die Armleuchteralgen (*Characeen*), ist besonders typisch für nährstoffarme und kalkreiche Gewässer. In vielen Seen sind Armleuchteralgen infolge von Eutrophierungen durch andere Arten verdrängt worden.
Obwohl die drei Seen unmittelbar aneinander grenzen bzw. ineinander übergehen, unterscheiden sie sich doch in verschiedenen Merkmalen. Der Große Fürstenseer See und Zwirnsee weisen mit mehr als 20 Arten der Unterwasserpflanzen eine größere Mannigfaltigkeit auf als der Hinnensee. Besonders deutlich wird dies bei den Armleuchteralgen. Mit 12 (Großer Fürstenseer See) bzw. 13 Arten (Zwirnsee) gegenüber 5 Arten dieser Pflanzengruppe im Hinnensee ist der Unterschied erheblich. Während die Unterwasserpflanzen im Zwirnsee bis 11 m und im Großen Fürstenseer See bis 9 m in die Tiefe vordringen, erreichen sie im Hinnensee nur etwa 6 m. Diese Unterschiede könnten daran liegen, dass der Hinnensee mit seiner Nordspitze direkt an die Endmoräne heranreicht. Vermutlich weisen die Grundwasserzuflüsse dort andere Stoffeinträge auf als

Links: Taucher dokumentieren im Zwirnsee in regelmäßigen Abständen die Veränderung der Unterwasserpflanzen.
Seite 96 von l. n. r.: Das Nixkraut wächst im ufernahen Flachwasserbereich, eine in sechs Meter Wassertiefe lebende Laichkräuter- und Armleuchteralgengesellschaft, dichter Armleuchteralgenbestand in drei Meter Wassertiefe.
Untere Abbildung: Der Wasserstand des Großen Fürstenseer Sees unterlag in den letzten Jahrzehnten großen natürlichen Schwankungen. Der Höchststand zu Beginn der Meßreihe (Mitte der 1980er Jahre) und der Niedrigstand 2006 weichen um 120 cm voneinander ab. Ob der Anstieg durch das niederschlagsreiche Jahr 2011 wieder zu einer dauerhafteren Seespiegelerhöhung führt, lässt sich heute noch nicht sagen.

in den anderen beiden Gewässern, die sich ausschließlich im nährstoffarmen Sander befinden.
Da der Zwirnsee der nährstoffärmste und artenreichste der drei Seen ist, wurde 1989 der Verbindungsgraben zum Fürstenseer See verschlossen und die fischereiliche Nutzung eingestellt. Im Rahmen einer Langzeitbeobachtung wird die Entwicklung dieses bedeutenden Gewässers verfolgt. Die Beobachtungsergebnisse machen deutlich, dass es auch ohne menschliche Nutzungseingriffe in abgeschlossenen Seen natürliche Schwankungen in der besiedelten

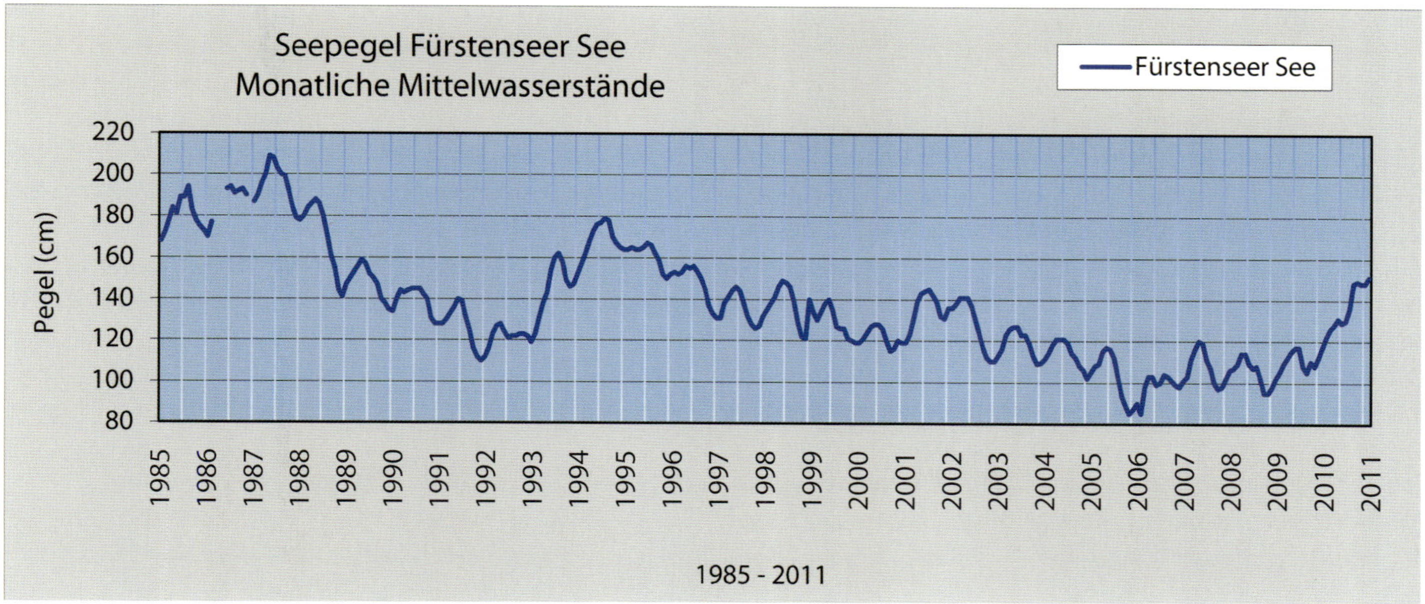

Fläche und der Artenzusammensetzung der Pflanzengesellschaften gibt. In den letzten drei Jahrzehnten ist darüber hinaus der Wasserstand dieser Seen zeitweilig um ca. 1 m gesunken. Gegenwärtig werden Untersuchungen vorgenommen, um zu klären, welche Ursachen es für die Wasserstandsschwankungen gibt bzw. welchen Anteil das Wirken des Menschen und die vermuteten Klimaveränderungen daran haben könnten.

Tierwelt der Seen

Fische sind die bekanntesten Tiere der Seen. Es gibt jedoch im Nationalpark keine Arten, die nicht auch in vielen Seen des Umlandes zu finden wären. Häufige Arten sind Hecht, Barsch, Schlei, Plötze, Rotfeder und Blei. Besonders zu erwähnen sind die Vorkommen der Kleinen Maräne in Schweingartensee, Zwirnsee, Hinnensee und Großem Fürstenseer See. Maränen sind entfernte Verwandte der Lachse und leben in klaren, tiefen Gewässern. In den Serrahner Seen sind sie aber vermutlich erst durch Fischer eingesetzt worden. Im Haussee wurde der sehr versteckt lebende und seltene Schlammpeitzger nachgewiesen.

Zu den häufigsten Wasservögeln gehören Bleßralle, Stockente und Haubentaucher. Schellenten sind nicht häufig, aber regelmäßig auf den Seen zu beobachten. Sie nutzen Baumhöhlen im Wald zur Anlage der Nester. Die Entenküken müssen wenige Stunden nach dem Schlupf aus den bis über 20 m hoch gelegenen Baumhöhlen springen und anschließend mit ihrer Mutter eine Wanderung zum nächsten See überstehen. In den Schilfflächen der Seen sind verschiedene Kleinvogelarten, vor allem Teich- und Drosselrohrsänger sowie die Rohrammer zu Hause.

Hier ist auch der Lebensraum der seltenen Rohrdommel, deren Ruf sehr auffällig ist und ihr im Volksmund den Namen Moorochse eingebracht hat.

Die ruhige Lage der Seen inmitten der ausgedehnten alten Wälder bietet für See- und Fischadler ausgezeichnete

Hechte warten häufig zwischen Laichkräutern und anderen Wasserpflanzen auf Beute (oben und Seite 100).
Zu den sehr seltenen Vogelarten der Seen und Moore gehört die Große Rohrdommel (Seite 99 l. u.). Fischadler (darüber) und Haubentaucher (r. o.) sind geschickte Fischjäger. Der Fischotter (r. u.) ist an allen Seen im Serrahner Gebiet zu Hause. Auf Grund der heimlichen Lebensweise ist er jedoch kaum zu sehen.

Lebensbedingungen. Beide Arten brüten mit mehreren Paaren im Gebiet. Wer einmal den majestätischen Flug des Seeadlers oder den Sturzflug des Fischadlers beim Fischfang beobachtet hat, wird dies wohl ein Leben lang nicht vergessen.
Von den Säugetieren sind Fischotter und Biber an Gewässer gebunden. Otter sind in allen Nationalparkseen nachgewiesen. Auf Grund ihrer nachtaktiven Lebensweise ist es jedoch kaum möglich, eines der scheuen Tiere bei Tage zu beobachten. Biber wanderten erst in den 1990er Jahren wieder in die Region ein. Ihre auffälligen Nagespuren an Bäumen sind im Umfeld der Goldenbaumer Mühle zu finden.

Oben und Seite 98: Hecht. Seite 101: Der Eisvogel ist regelmäßig an den Serrahner Seen zu beobachten.

Moore – Lebensräume zwischen Land und Wasser

Viele Menschen verbinden mit Mooren mehr oder weniger geheimnisvolle Vorstellungen. Wer hat noch nicht von schwankenden Moorböden gehört, in denen unvorsichtige Menschen versinken können oder, wie aus historischen Zeiten überliefert, als Strafe hinein gestoßen wurden und ums Leben kamen? In unzähligen Märchen, Geschichten oder Filmen werden Moore als unwegsame und gefährliche Gebiete dargestellt. Andererseits galten sie aber auch als Orte der Zuflucht bei Gefahren z. B. in kriegerischen Auseinandersetzungen.
Wie bei den Seen ist das Wasser der bestimmende Umweltfaktor für die Entstehung und die Existenz von Mooren. Sie bilden gewissermaßen besondere Lebensräume im Übergang vom Wasser zum Land. Allen ist gemeinsam, dass sie sich in Geländevertiefungen herausbilden, in denen es zu Wasseransammlungen kommt und sich eine Torf bildende Vegetation ansiedelt. Moore bestehen aus großen Torfablagerungen, die entstehen, wenn Pflanzen nach dem Absterben unter Wasser nicht vollständig zersetzt werden. Zu den wichtigsten torfbildenden Pflanzen gehören Braunmoose, Torfmoose, Wollgräser und Seggen. Je nach den herrschenden Bedingungen können pro Jahr etwa 0,5 – 2 mm Torf gebildet werden. Bei ausreichendem Wasserangebot wächst ein Moor kontinuierlich in die Höhe. Moore wirken durch ihre Torfkörper wie ein Schwamm und können sich durch Wasseraufnahme ausdehnen oder bei Trockenheit unter Wasserabgabe schrumpfen. Sie sind daher für den regionalen Wasserhaushalt und das Klima von großer Bedeutung.
Um Moore nutzbar zu machen, wurde schon vor Jahrhunderten mit ihrer Trockenlegung begonnen. Heute ist der größte Teil der Moorflächen so weit entwässert, dass sie als stark geschädigt eingestuft werden. Daher stehen noch wachsende, man nennt sie auch lebende Moore, unter Schutz. Sie sind Lebensräume für eine Vielzahl von Pflanzen- und Tierarten, die sich im Verlauf der Evolution an die besonderen Lebensbedingungen, wie Nährstoffarmut, schwankende Wasserstände und starke Temperaturschwankungen, angepasst haben.

Im Serrahnbruch können infolge des hohen Wasserstands und des geringen Nährstoffangebots aufwachsende Bäume, wie Moorbirken oder Kiefern, nur wenige Jahre überleben und bleiben kleinwüchsig. Torfmoose und Wollgräser dominieren die Pflanzengesellschaften.

Wollgräser

Die zu den Sauergräsern gehörenden Wollgräser sind im späten Frühjahr sehr auffällige Moorpflanzen. In intakten Mooren bilden sie großflächige Bestände, die durch ihre weißwolligen Samenstände auffallen. Dies kann man besonders gut auf den renaturierten Flächen des Bixbeerenbruchs sehen.
Hier sind vor allem zwei Wollgräser zu finden. Während das Scheidige Wollgras weniger feuchte Standorte im Uferbereich oder auf Moorbulten bevorzugt, wächst das Schmalblättrige Wollgras in nasseren Bereichen. In zwei Serrahner Mooren kommt die den Wollgräsern ähnlich sehende Wollige Rasenbinse (***Trichophorum alpinum***) mit den vermutlich letzten Beständen in Mecklenburg-Vorpommern vor. Wegen des, wie ein Wollschopf aussehenden Samenstandes und der weiten Verbreitung im Alpenbereich wird die Art auch als Alpenwollgras oder Alpenhaargras bezeichnet. Die zumeist in Horsten vorkommende Art hat einen deutlich zarteren Wuchs als die beiden Wollgräser.

Scheidiges Wollgras (oben) und Schmalblättriges Wollgras gehören zu den auffälligsten Pflanzen der Moore . Die weißen Büschel sind keine Blüten, sondern die Samenstände der Pflanzen.
Seite 105: In Kesselmooren bilden Torfmoose die bestimmende Vegetation.

Im Serrahner Gebiet gibt es eine große Anzahl von Mooren mit unterschiedlicher Entstehungsgeschichte und Entwicklungszustand. Sie nehmen mit etwa 475 ha einen Flächenanteil von fast 8% ein. Die meisten der rund 160 Moore sind mit einer Fläche von unter einem Hektar sehr klein.

Kesselmoore

Kesselmoore haben sich zumeist in recht tiefen, kleinflächigen Senken gebildet, in deren Untergrund es wasserundurchlässige Schichten gibt. Nach dem Auftauen der Gletscherreste am Ende der Eiszeit waren es zunächst kleine Gewässer. Im Verlauf der Jahrtausende wurden sie durch Pflanzen besiedelt und es kam zu Torfbildungen. Die Freiwasserflächen verschwanden zumeist völlig.

Ein Teil der Kesselmoore befindet sich noch in einem weitgehend unberührten Zustand. Sie gehören damit zu den ältesten, nahezu unbeeinflussten Lebensräumen des Nationalparks. Anderen Kesselmooren wurde schon seit Jahrhunderten Wasser entzogen und sie haben sich dabei so verändert, dass sie heute mitunter völlig bewaldet und kaum noch als ehemalige Moore erkennbar sind. Eines der unberührten Moore liegt unmittelbar am Weg von Carpin nach Serrahn, nur wenige hundert Meter vor der Ortschaft. Es wurde in dem langen Zeitraum seines Bestehens nicht entwässert. Vor etwa 10.000 Jahren hatte sich in dem Toteisloch ein kleines Gewässer gebildet. Vor ca. 7.000 Jahren begannen sich allmählich Moorpflanzen auszubreiten. In Abhängigkeit von dem zur Verfügung stehendem Wasserangebot wuchs das Moor und bildete verschiedene Torfschichten, die inzwischen eine Mächtigkeit von 5 m aufweisen.

In trockeneren Zeiten, bei länger anhaltendem Wasserdefizit, kann es zum Wachstumsstillstand oder sogar zum Torfschwund kommen. Das bedeutet, dass im Torfkörper die Zersetzung der Torfmasse größer ist als die Torfneubildung. Erkennbar sind solche relativ trockenen Stadien eines Moores an dem Fehlen einer deutlich nassen Randzone und dem Aufwachsen eines Moorwaldes. Infolge des langjährigen Rückgangs des Grundwasserstandes war in dem genannten kleinen Kesselmoor die nasse Randzone fast verschwunden. Erst im niederschlagsreichen Jahr 2011 bildete sie sich wieder heraus. Zur Moormitte schließt

sich eine Zone an, die von Wollgräsern und Torfmoosen geprägt ist. Im Zentrum hat sich in den letzten 50 Jahren ein Moorbirkenwald mit einzelnen Kiefern gebildet. Die Bäume fallen durch ihr vergleichsweise geringes Wachstum auf. In größeren Kesselmooren kann es neben den nassen Randzonen auch zentral gelegene, zumeist recht tiefe Wasserflächen geben, die als Moorkolke bezeichnet werden.

Verlandungsmoore

Neben den relativ kleinen Kesselmooren prägen verschiedene größere Verlandungsmoore das Bild der Serrahner Landschaft. Diese Moore stellen zumeist das Endstadium der nacheiszeitlichen Entwicklung von Seen oder Seebuchten dar.

Kesselmoore wie der Schwarze See haben meist eine mehr oder weniger rundliche Form.

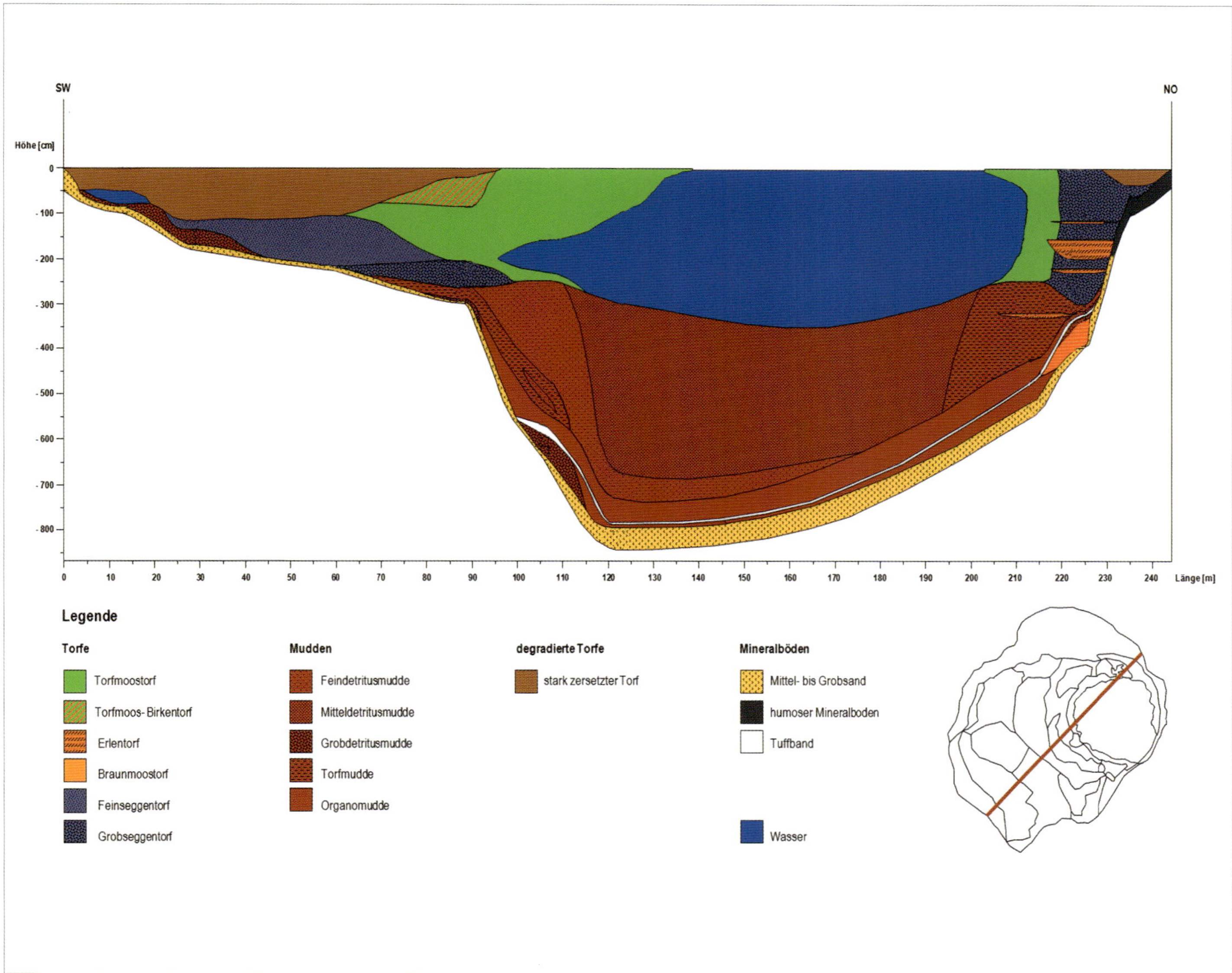

Moore wie der Schwarze See verändern sich in ihrer Jahrtausende währenden Entwicklung und werden durch verschiedene Pflanzengesellschaften besiedelt. Die Reste der Pflanzen werden als Torf im Moor abgelagert. Die Torfe der verschiedenen Pflanzen unterscheiden sich und lassen die geschichtliche Entwicklung rekonstruieren. Am Grund des Moores befinden sich feine, als Mudde bezeichnete Ablagerungen, die aus der Zeit stammen, als das Moor noch ein See war.

Moorpflanzen bilden von der Wasserkante des Sees ausgehend eine allmählich stärker werdende Pflanzendecke aus. Beim Betreten schwankt der Boden regelrecht unter den Füßen. Er wird daher auch als Schwingrasen bezeichnet.

Moore als Archive der Zeitgeschichte

Durch die abgeschlossene Lage eignen sich Kesselmoore für Untersuchungen der Klima- und Vegetationsentwicklung seit dem Ende der letzten Eiszeit.
Sie sind gewissermaßen Archive der Zeitgeschichte. Die in ihrem Entstehungsprozess zu unterschiedlichen Zeiten im Torf abgelagerten Pflanzenreste ermöglichen es nicht nur, die Entwicklung der Pflanzendecke der Moore selbst, sondern auch die der Umgebung nachzuvollziehen.
Die Anfang des 19. Jahrhunderts entwickelte Methode der Pollenanalyse ist hervorragend geeignet, eine recht genaue Rekonstruktion der Vegetationsveränderungen im Moor bzw. dessen näherer Umgebung über die Jahrtausende vorzunehmen. Dazu wird eine Bohrung durch den Torfkörper geführt. Man entnimmt den verschiedenen Tiefenschichten Torfproben und analysiert diese unter dem Mikroskop. Neben nicht vollständig zersetzten Pflanzenteilen findet man im Torf auch durch Wind oder Wasser eingetragene Pflanzenpollen (Blütenstaub). An Hand der artspezifischen Form der Pollen lassen sich noch nach Jahrtausenden die einzelnen Pflanzenarten bestimmen. Die Menge der vorhandenen Pollen der verschiedenen Arten ermöglicht Rückschlüsse z.B. auf den Anteil der einzelnen Baumarten am Waldaufbau in der Moorumgebung. Mittels der Radiocarbonmethode ist es zugleich möglich, das Alter der Torfproben recht genau zu bestimmen.
Bereits in den 1950er Jahren wurde eine große Anzahl solcher Pollendiagramme im Serrahner Gebiet erstellt. Daraus lässt sich die Vegetationsentwicklung im Gebiet des Nationalparks recht gut rekonstruieren.
Danach hat sich vor etwa 10.000 Jahren eine geschlossene Vegetationsdecke im Umfeld der Moore ausgebildet. Unter den ersten Baumarten dominierten Kiefern und Birken. Dann verringerte sich der Baumpollenanteil, es kam vermutlich zu einem vorübergehenden Waldrückgang. Der Kiefernanteil nahm ab und die Birken nahmen zu. Erste Weidenpollen traten auf. In den folgenden Jahrtausenden kam es zu einer stärkeren Erwärmung. Dies begünstigte die Einwanderung von Haselnuß, Eichen, Ulmen und Linden. Vermutlich bildeten sich relativ dichte Wälder. Zum Ende dieser Periode handelte es sich vor allem um Eichenmischwälder. Vor etwa 5.000 Jahren erschienen die ersten Buchen und auch Hainbuchen. In der Zeit zwischen 1000 v. u. Z und 1000 u. Z. breiteten sich diese Baumarten zunehmend aus. Der Anteil der Kiefern hingegen ging sehr stark zurück. Es nahmen Pollen von Pflanzen zu, die menschliche Siedlungstätigkeit bezeugen, z. B. von Beifuß, Wegerich oder Getreidearten. Im weiteren Verlauf der Jahrhunderte nahmen die Baumpollen zunächst insgesamt deutlich ab. Nach 1800 wurde die Waldausbreitung durch umfangreiche Aufforstungen gefördert. Daher nahmen die Baumpollen in den betreffenden Moorschichten wieder zu..

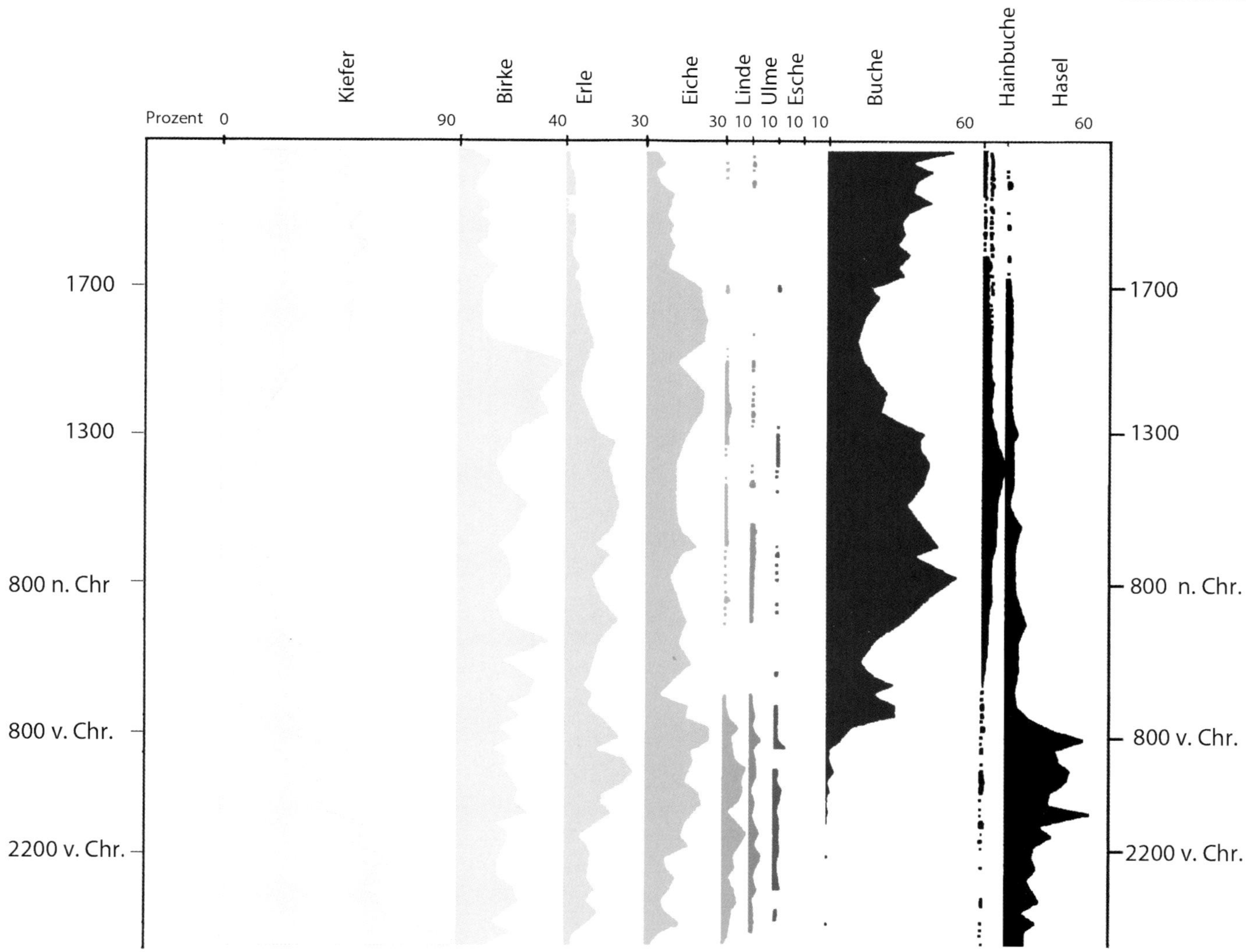

Pollendiagramm des Klockenbruchs

Im Verlaufe der Jahrtausende lagerten sich in den Torfschichten die Pollen (Blütenstaub) der Pflanzen aus dem Moor und seiner Umgebung ab. Aus der Anzahl der Pollen lässt sich auf die Häufigkeit der Pflanzen schließen. Aus diesen sogenannten Pollendiagrammen kann man z. B. die zeitliche Abfolge der Waldentwicklung erkennen. Im oberen Bereich ist der maximale Anteil der jeweiligen Baumart in Prozent dargestellt.

Im Serrahnbruch hat die Absenkung des Wasserspiegels in den weiträumigen flachen Buchten dieses Gewässers zu einer wesentlichen Beschleunigung des Wachstums torfbildender Vegetation geführt. So konnte sich in nur wenigen Jahrzehnten eine Schwingrasendecke aus Torfmoosen und anderen Pflanzenarten bilden. Durch das Absinken von Pflanzenmaterial füllte sich der unter der Schwingrasendecke befindende Wasserraum mit Torf und anderen Ablagerungen, sodass ein mehr oder weniger geschlossener Moorkörper entstand. In tieferen Moorgewässern, wie beispielsweise am Schwarzen See, lassen sich unmittelbar am Gewässerrand solche Schwingzonen erkennen.
Diese anfangs seewärts nur wenige Zentimeter dicke Schicht verstärkt sich zum Ufer immer mehr und erreicht den Gewässerboden, so dass hier eine Verlandung einsetzt und mit der Zeit auch Bäume siedeln können. Das Betreten der Schwingzone ist abgesehen von der Empfindlichkeit der Vegetation auch gefährlich. Unter dem Gewicht eines Menschen kann sie durchbrechen und es ist möglich zu versinken, ohne festen Boden unter die Füße zu bekommen.

Moorrenaturierungen

Wie in ganz Norddeutschland wurden auch im Serrahner Teil des Müritz-Nationalparks die meisten Moore in den vergangenen Jahrhunderten entwässert, um forst- oder landwirtschaftlich nutzbare Flächen zu gewinnen. Mit der Absenkung der Wasserstände werden Moore in ihrer Entwicklung gestört. Es kommt meist zur Einstellung der Torfbildung und häufig sogar zu einem Torfabbau. Beispiele dafür sind das Moos- und das Bixbeerenbruch am Wanderweg nach Carpin in der Nähe des Schweingartensees. Nach der Entwässerung zersetzte sich der Torf und es kam zur mineralischen Bodenbildung, so dass sich Wald auf dem Moorkörper entwickeln konnte. Die Moorvegetation wurde dagegen zurückgedrängt. Statt der Torfmoose und Wollgräser wuchsen Himbeeren, Brombeeren, Waldmoose, Adlerfarn, Birken und Kiefern. Reste der ursprünglichen Moorvegetation gab es nur noch im Bereich der angelegten Entwässerungsgräben und einiger weniger feuchter Stellen. Durch die Bewaldung und dem damit nochmals verstärkten Wasserentzug wurde der Prozess der Moorzerstörung weiter beschleunigt.
Die wichtigste Moorschutzmaßnahme ist daher die Wiederherstellung des ursprünglichen Wasserhaushaltes. Bereits Anfang der 1970er und 1980er Jahre wurde begonnen, die entwässerten Moore Moos-, Bixbeeren- und Kotzenbruch in der Umgebung des Schweingartensees zu renaturieren. Damit war zugleich das Ziel verbunden, die Nähr- und Huminstoffbelastung des Schweingartensees zu reduzieren. Zunächst wurde der Wald auf den Flächen von Moos- und Bixbeerenbruch gefällt, teilweise beräumt und der künstliche Abfluss am Moosbruch zum Schweingartensee verschlossen. Mit dem Anstieg des Wasserspiegels begann sich die typische Moorvegetation wieder zu entwickeln.
Die Moorrenaturierung gehört auch zu den wichtigsten Entwicklungszielen des Nationalparks. Daher wurden in den 1990er Jahren alle Moore hinsichtlich ihres Wasserhaushalts, der Torfbildung und der Vegetationsverhältnisse untersucht und Renaturierungsmaßnahmen vorgeschlagen. Der überwiegende Teil der Moore wurde inzwischen wieder vernässt und an vielen Stellen zeigen sich erste Erfolge. Sowohl im Moos- als auch im Bixbeerenbruch ist die Moorregeneration mittlerweile so weit fortgeschritten, dass der uneingeweihte Betrachter kaum noch die frühere Zerstörung erkennt. In den Mooren, bei denen die Entwässerungsgräben erst vor kürzerer Zeit verschlossen wurden, zeugen teilweise noch abgestorbene Baumstümpfe von der ehemaligen Bewaldung.

Das Luftbild des Moosbruchs zeigt ein Mosaik von verschiedenen Pflanzengesellschaften. An einer Stelle wächst wieder ein spärlicher Moorwald. Nur der am unteren Moorand angedeutete Rest eines Grabens lässt auf die einstmalige Entwässerung in Richtung Schweingartensee schließen.

Das Moosbruch (1982) wurde mehr als 200 Jahre lang so stark entwässert, dass die Torfe an der Mooroberfläche zerstört wurden und Bäume wachsen konnten. Mit dem Verschluss des Abflußgrabens 1978 stieg der Wasserspiegel an. Die Bäume starben ab und es bildete sich allmählich wieder die moortypische Pflanzendecke aus.

Das Moosbruch ist drei Jahrzehnte nach der Wiedervernässung wieder ein weitgehendes intaktes Moor.

Sonnentau

In Deutschland kommen drei Sonnentauarten vor, die auch in den Serrahner Mooren wachsen. Diese Arten haben eine besondere Anpassung an die nährstoffarmen Bedingungen im Moor entwickelt. Zur Deckung eines Teils ihres Nährstoffbedarfs fangen sie Insekten. Dazu verfügen die Blätter über „Tentakeln“ an deren Ende sich ein klebriges Sekret befindet. Daran bleiben kleine Insekten hängen, die Blätter rollen sich ein und die Tiere werden „verdaut“. Im Großen Serrahnbruch kommen noch alle drei Sonnentauarten vor: Mittlerer Sonnentau, Langblättriger Sonnentau und Rundblättriger Sonnentau. Typisch für alle drei ist ihre Wuchsform. Aus einer Blattrosette am Boden wächst ein blattloser Stengel, der wenige weiße kleine Blüten trägt. Die drei Arten unterscheiden sich sowohl in der Form ihrer Blätter als auch in den Ansprüchen an den Lebensraum. Der Rundblättrige Sonnentau ist die häufigste Art und kann z. B. auf Torfmoospolstern am Moorsteg bei Serrahn betrachtet werden. Die beiden anderen Arten sind extrem selten. Alle drei wurden in die Rote Liste aufgenommen.

Pflanzen und Tiere der Moore

Moore sind nicht nur beeindruckende Landschaftsräume. Ihre spezifischen Lebensbedingungen bieten einer großen Zahl von Spezialisten Lebensraum. Viele von ihnen sind inzwischen in ihrer Existenz gefährdet und in die Roten Listen aufgenommen worden.
Als W. Karbe das Gebiet untersuchte und beschrieb, gab es noch große Bestände einiger schon damals landesweit seltener Moorpflanzenarten im Serrahnbruch. Dazu gehörten die drei Sonnentauarten, das Alpenhaargras, das Sumpfweichblatt (eine kleine zarte Orchidee) und der Moorbärlapp. Diese Arten wuchsen auf den extensiv ge-

Seite 114: Rundblättriger und Mittlerer Sonnentau.
Oben: Waldwasserläufer, rechts oben: Sumpfschrecke, darunter: Moorfroschpaarung.

nutzten Moorwiesen mit hohen Wasserständen, die einmal jährlich mit großem Aufwand gemäht wurden. Nach Einstellung der Nutzung und fortschreitender Verlandung konnten bei den Untersuchungen in den 1980er Jahren und auch aktuell nur noch geringe Reste von ihnen gefunden werden. Dennoch gehört das Moor des Serrahnbruchs mit seiner Artenvielfalt zu den wertvollsten Moorlebensräumen des Landes.
Auch zahlreiche Tiere sind an das Leben am und im Moor angepasst. Libellen sind eine Tiergruppe, die neben den Seen ganz besonders auf Moore angewiesen ist. Bisher konnten 47 Libellenarten im Serrahner Nationalparkteil nachgewiesen werden, eine große Zahl davon in den wieder vernässten Mooren. Damit gehört dieses Gebiet deutschlandweit zu den Landschaftsräumen mit der höchsten Libellenvielfalt. Die Larven der Libellen entwickeln sich in den mehr oder weniger großen Gewässern der Moore. Nach der teilweise mehrere Jahre dauernden Larvenphase schlüpfen die Vollinsekten. Sie sind dann oft auch weitab der Gewässer an sonnigen Stellen im Wald anzutreffen.
Auch die Kraniche nutzen Moore als Lebensräume. In vielen Bereichen des Nationalparks kann man sie hören und gelegentlich auch beobachten. Sie sind sehr scheu und bauen ihre Nester bereits im März und April an unzugänglichen Stellen inmitten der Moore.
Etwa in der gleichen Zeit, den ersten warmen Tagen Ende März oder Anfang April, beginnen die Lurche mit der Balz und dem Laichen. Besonders auffällig sind die Moorfrösche, deren Männchen in der wenige Tage während der Paarungszeit auffallend blau gefärbt sind.
Das Serrahnbruch ist auch von der Tierartenvielfalt besonders hervorzuheben. Dies resultiert vor allem daraus, dass hier die Seen und Moore so eng zusammen liegen. Vom Aussichtsturm am Wanderweg lassen sich einige Vogelarten beobachten und gerade im Frühjahr und Frühsommer ist ein Besuch immer lohnend. Zu dieser Zeit halten sich Kraniche, Graugänse, Waldwasserläufer und viele andere Arten im Moor auf. Die urigen Rufe der Großen Rohrdommel sind so regelmäßig zu hören, wie die großen Greifvögel des Nationalparks, Seeadler, Fischadler, Rohrweihe und Roter und Schwarzer Milan, zu sehen sind.

Oben: Ringelnatter.
Seite 117: In den unzugänglichen Mooren brütet häufig der Kranich.

Das Dorf Goldenbaum liegt inmitten des Nationalparks und ist von zahlreichen kleinen Gewässern umgeben.

Naturerlebnis Serrahn

Der Serrahner Nationalparkteil wird durch verschiedene Rad- und Wanderwege erschlossen. Im Folgenden werden einige Wandertipps gegeben. Man sollte auf jeden Fall eine Wanderkarte nutzen. Die Übersichtskarte auf der hinteren Umschlagseite ist im Erscheinungsbild der Wanderkarte vom Klemmer Verlag (Maßstab 1:50 000) gehalten, die zu den informativsten Karten der Region gehört. Der Serrahner Teil ist dabei auf der Karte „Müritz-Nationalpark" zusammen mit dem sich westlich von Neustrelitz anschließenden Nationalparkteil und auf der Karte „Neustrelitz-Feldberger Seenlandschaft" zusammen mit dem sich östlich anschließenden Naturpark Feldberger Seenlandschaft abgebildet.

Die Tourenempfehlungen werden in drei Regionen untergliedert:

— der Raum um Serrahn mit den Ortschaften Carpin und Zinow,

— der Raum um Fürstensee-Wokuhl im südlichen Teil,

— der Raum um Grünow-Waldsee im östlichen Teil.

Region Zinow, Serrahn und Carpin mit dem Weltnaturerbegebiet.

Diese Region ist der Bereich mit der abwechslungsreichsten Naturraumausstattung. Die beiden Ausgangsorte Zinow und Carpin sind über die B 198 mit parallelem Radweg von Neustrelitz in Richtung Möllenbeck/ Woldeck zu erreichen.

Startpunkt Zinow

In Zinow wird von der B198 entsprechend dem Ortshinweisschild auf den Weg nach Serrahn abgebogen. Autofahrer parken direkt hinter dem Ort auf dem sich rechter Hand befindenden Parkplatz. Hier beginnen zwei Wege. Wanderer nach Serrahn verlassen auf der Anhöhe oberhalb von Zinow den Hauptweg nach links und folgen dem mit einem Vogelsymbol ausgeschilderten Naturerlebnispfad. Für Radfahrer ist der Weg an vielen Stellen in der Umgebung des Serrahnbruchs sehr eng, so dass sie öfter absteigen müssen. Nach etwa 2 km wird über ein schmales Wegstück der Beobachtungsturm **Karte 1**, S. 123, 1 am Serrahnbruch (Seite 12, 110) erreicht. Von hier bietet sich ein beeindruckender Ausblick über das Verlandungsmoor und den Großen Serrahnsee (S. 91).
Regelmäßig sind Kraniche, See- und Fischadler, Rohrweihen, Graugänse und viele andere Vogelarten zu sehen. Die weißen Samenstände der Wollgräser und der blühende Sumpfporst bilden im späten Frühjahr und Frühsommer reizvolle Farbtupfer im Moor.
Der schmale Weg führt weiter durch den Buchen-Kiefern-Eichen-Hochwald zur Dorfstelle des alten Saran, die von Walter Karbe ausgegraben wurde **Karte 1**, 2 (Seite17, 18). Eine Hinweistafel und ein Stein kennzeichnen die Stelle.
Nur wenige hundert Meter weiter beginnt die Weltnaturerbestätte, ein alter Buchenwald mit urwaldähnlicher Struktur (S. 54ff.). Regelmäßig sind hier Waldvögel wie Bunt-, Mittel- und Schwarzspecht und mit etwas Glück

Seite 120: Die Waldinsel bei der Ortslage Serrahn – vorn rechts das Ausstellungsgebäude und dahinter das Forsthaus.
Seite 121, v. o. n. u.: Frauenhaarmoos mit Sporenständen, Scheidiges Wollgras und Grünspecht.

Karte 1

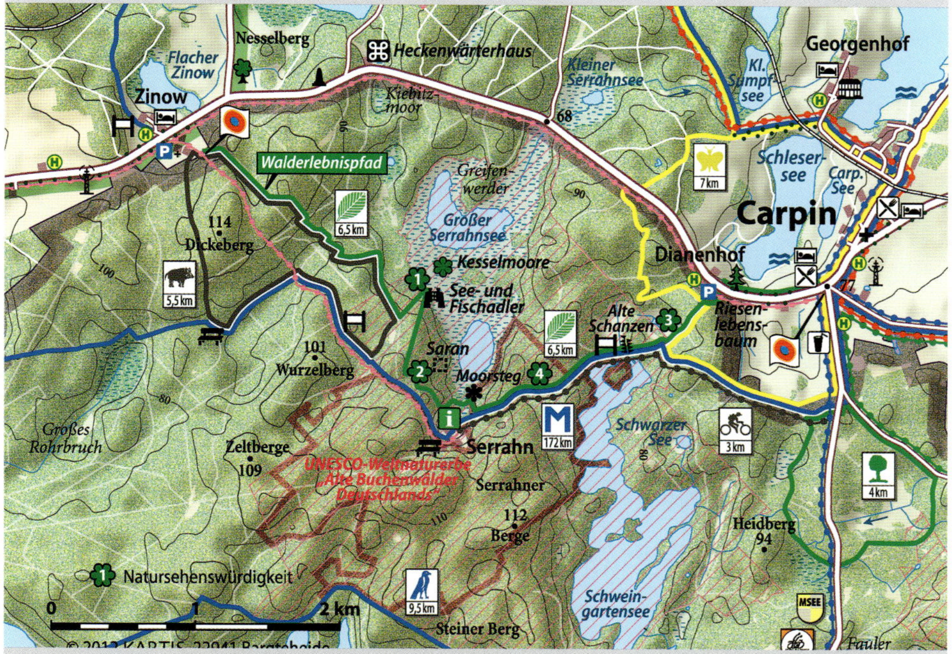

auch Zwergschnäpper zu hören. An einer großen Lichtung, auf der man die Häuser der Ortschaft Serrahn jenseits der Feuchtwiesen sieht, gabelt sich der Weg. Nach rechts geht es zum wenige Meter entfernten, von Zinow kommenden Hauptweg nach Serrahn. In dem nur aus vier Häusern bestehenden Ort befindet sich die Nationalparkstation und eine Infomationsausstellung zum Gebiet.

Nach links führt der Weg weiter über einen Moorsteg durch das Serrahnbruch. Die Wanderung über den Moorsteg ist unbedingt zu empfehlen. Dort gibt es verschiedene Moorpflanzen wie Moosbeere, Torfmoose, Wollgras und Sonnentau zu sehen, die man zu den entsprechenden Zeitpunkten an ihren Blüten oder Samenständen gut erkennen kann. Nach weiteren 200 m am Rande des Erlenbruchs entlang (S. 70), gelangt man wieder auf den Hauptweg und kommt rechter Hand nach Serrahn und weiter auf dem Hauptweg zurück zum Ausgangspunkt Zinow. Es wird empfohlen, bevor

Seite 122: Buchenwald bei Serrahn im Winter, rechts: Strukturen im Buchenholz.

es auf den Rückweg nach Zinow geht, zumindest einen Abstecher nach links in Richtung Carpin durch das Weltnaturerbegebiet bis zum Schweingartensee zu machen (siehe Beschreibung Ausgangspunkt Dianenhof).

Ausgangspunkt Dianenhof bei Carpin

Dieser Ausgangspunkt bietet den kürzesten Zugang zum Weltnaturerbegebiet. Der relativ breite Waldweg führt durch einen Buchen-Eichen-Kiefern- Mischwald. Nach etwa 500 m hat man auf der rechten Seite einen weiten Blick auf ein Moor, das Bixbeerenbruch. **Karte 1**, 3 (S. 110), 300 m weiter erreicht man leicht abwärts gehend den sich linkerhand befindenden Schweingartensee (S. 93). Auf der rechten Seite sind die aufgeworfenen Schanzen, ein Schutzsystem aus dem Spätmittelalter (Seite 19f.) und ein tiefer Graben, der über mehrere Jahrhunderte zur Entwässerung des Moos- und Bixbeerenbruchs (S. 111–113) diente, zu erkennen. Im Bereich des wieder ansteigenden Weges erreicht man das Weltnaturerbegebiet. Das Miteinander von uralten Buchen und Eichen, abgestorbenen Bäumen und beeindruckenden Stubben vermittelt einen kleinen Eindruck von den Urwäldern, wie sie einst in Deutschland verbreitet waren. Nach wenigen hundert Metern berührt der Weg ein sich rechterhand befindendes tief eingesenktes Kesselmoor **Karte 1**, 4 (S. 105). Es handelt sich dabei um eines der mit 10.000 Jahren ältesten und nicht entwässerten Moore des Gebiets. Auf der linken Seite liegt der angeschnittene Stamm einer 350-jährigen Eiche, die in der Mitte der 1980er Jahre bei einem starken Wintersturm gefallen ist. Nun sind es nur noch 500 m bis zur Ortslage Serrahn. Wer etwas mehr Zeit hat, sollte vor dem Ort den rechts an der Hochwaldkante zum Serrahnsee führenden Wanderweg bis zum Moorsteg nehmen und vielleicht noch bis zur etwa 1 km entfernten Aussichtskanzel am Verlandungsmoor des Großen Serrahnsees gehen. Die Beschreibung dafür erfolgte oben bei den Darstellungen zum Ausgangspunkt Zinow.

Seite 124–125: Schweingartensee.

Region Fürstensee – Wokuhl

Fürstensee ist über die Landstraße von Neustrelitz nach Wokuhl zu erreichen. Auch hier gibt es einen straßenbegleitenden Radweg. Die naturkundlichen Sehenswürdigkeiten dieses Teilgebietes sind die Klarwasserseen der Region, insbesondere der Große Fürstenseer See (Seite 95ff.). Er befindet sich unmittelbar an der gleichnamigen Ortschaft. Am Ortsende gibt es eine große Badestelle. Auf dem südlichen Teil des Sees, der durch Tonnenmarkierung gekennzeichnet ist, sind im begrenztem Maße Ruderboote und Angler zugelassen. Die nördlich gelegenen Seebereiche sind aus Schutzgründen nicht zugänglich. Durch die Nährstoffarmut und Klarheit des Wassers existiert eine vielfältige Unterwasserpflanzenwelt. (Seite 94–97). Der See ist eingebettet in ausgedehnte Kiefernwälder (Seite 71–73). Vor der Ortschaft, aus Richtung Neustrelitz kommend, beginnt ein Rad- und Wanderweg (Vogelmarkierung) der über 9,5 km vorbei am Zwirnsee (Seite 96f.) und über die Goldenbaumer Landstraße bis nach Goldenbaum führt (**Karte 2** S. 129). Zunächst durch ausgedehnte Kiefernwälder gehend, erreicht man nach 2,5 km einen Hohlweg der zum westlichen Ufer des Zwirnsees führt. Nach der Passage einer alten Holzbrücke über den Verbindungsgraben zu den Schäfereien Pöhlen steigt der Weg wieder an und trifft nach etwa 1 km auf die aus Richtung Neustrelitz kommende Goldenbaumer Landstraße, der man in östlicher Richtung folgt. Vorbei an alten Buchenwäldern kann man nach etwa 0,5 km den Güsterpohl, einen einsamen Waldsee, sehen. Nochmals 2 km weiter erreicht man das Südende des Schweingartensees (Seite 20, 21 sowie 93) und passiert die Stelle, an der sich die von Walter Karbe beschriebene Willerts-Mühle befand. Heute erinnern nur noch einige Fundamentreste und Obstbäume an dieses Anwesen. Etwa 2 km weiter erreicht man das Dorf Goldenbaum und geht über eine Plattenstraße nach Wutschendorf/Herzwolde und zurück nach Fürstensee. Zwischen Fürstensee und Wokuhl befindet sich ein Nationalpark-Parkplatz, von dem aus ein etwa 5 km langer Rundweg um den Plasterinsee führt. Reichlich 500 m vom Parkplatz entfernt berührt der Weg den Großen Fürstenseer See an einer attraktiven, jedoch in der Saison auch stark besuchten Badestelle.

Seite 126–127: Großer Fürstenseer See.

Karte 2

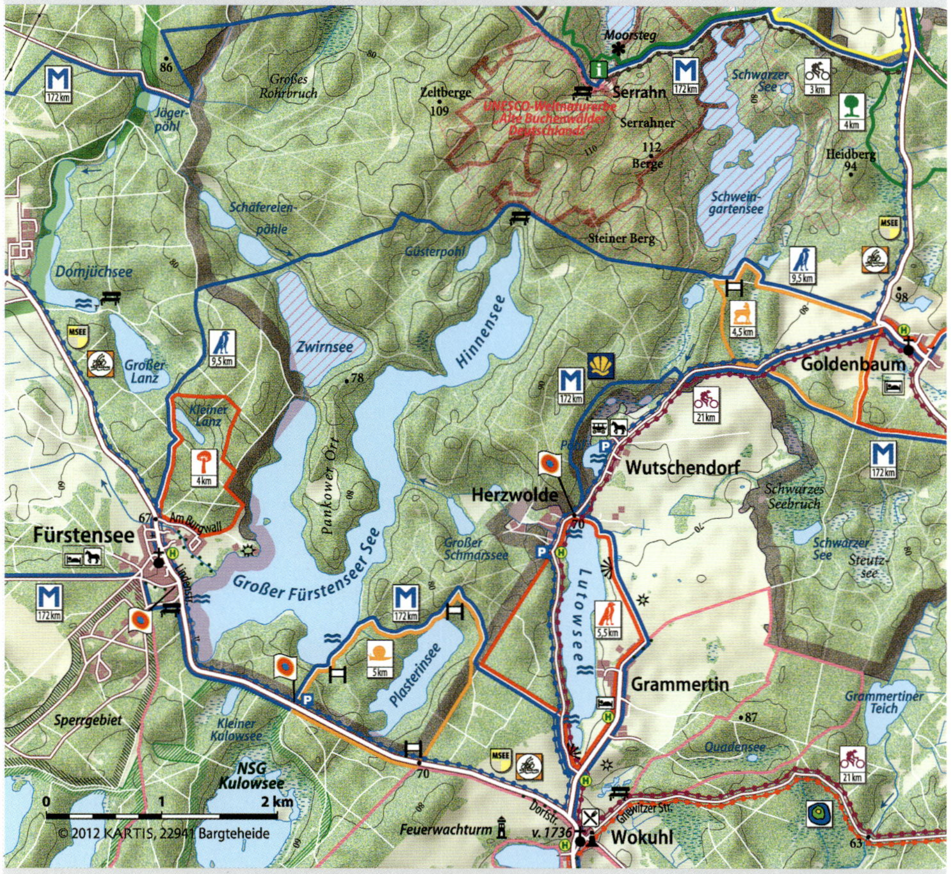

Weiterhin ist der etwa 6,5 km lange Rundweg über Herzwolde, Grammertin und Wokuhl um den Lutowsee zu empfehlen.

Seite 128: Wasserfedern in einem Kleingewässer bei Goldenbaum. Rechts: Buchenkronen.

19 09

Region Grünow – Steinmühle

Ausgangspunkt Steinmühle

Die als Jugendwaldheim genutzte Steinmühle liegt am Südufer des Grünower Sees. Die abfließenden Schmelzwasser des Gletschers haben ein tief eingeschnittenes Tal in die Endmoräne gegraben, ein so genanntes Gletschertor. Dessen unmittelbar angrenzende und zum Teil sehr steilen von Buchenwald bestandenen Hänge bilden eine Kernzone des Müritz-Nationalparks. Der flache See wurde als Mühlteich zum Betreiben der ehemaligen Mühle angestaut. Infolge der starken Eutrophierung mit regelmäßig auftretenden Blaualgenmassenentwicklungen ist er nicht zum Baden zu empfehlen, aber landschaftlich wunderschön gelegen. Am Ufer sind Reiher, Kormorane und regelmäßig auch See- und Fischadler zu beobachten. In den zahlreichen Hecken der Region gibt es Neuntöter, Braunkehlchen und viele andere Vogelarten.
Um die Wanderungen der Fische zu ermöglichen, wurde am Abfluss des Mühlbachs aus dem Grünower See, welcher der uralten Abflussbahn der Gletscherschmelzwässer folgt, eine Fischaufstiegshilfe errichtet.
Die Steinmühle ist Ausgangspunkt für Wanderungen in den östlichen Bereich des Nationalparks. Es gibt einen Rundweg, der Orte mit historischen Spuren menschlicher Tätigkeit berührt (Informationen dazu gibt es im Jugendwaldheim). Ein anderer Rundweg (Markierung Eichhörnchen) führt zunächst durch ein eindrucksvolles Buchenwaldgebiet entlang des Mühlbaches und des Goldenbaumer Mühlteichs. Vom Waldrand bietet sich ein weiter Blick über die freien Flächen um das alte Dorf Goldenbaum, bevor man wieder in Richtung Steinmühle in die Wälder eintaucht.

Ausgangspunkt Grünow

Mehrere Wege, in südwestlicher Richtung zunächst an Wiesen und Äckern entlang, führen zum Jugendwaldheim Steinmühle (**Karte 3**, S. 133; S. 49).

Seite 130: Die Steinmühle am Südende des Grünower Sees ist heute ein Jugendwaldheim. Das Nationalparkamt betreut hier Kinder- und Jugendgruppen und vermittelt Wissen über Anliegen und Probleme von Umwelt- und Naturschutz. Seite 131 oben: Rotmilan, Mitte: Wanderfalken, unten: Seeadler beim Beutefang.

Karte 3

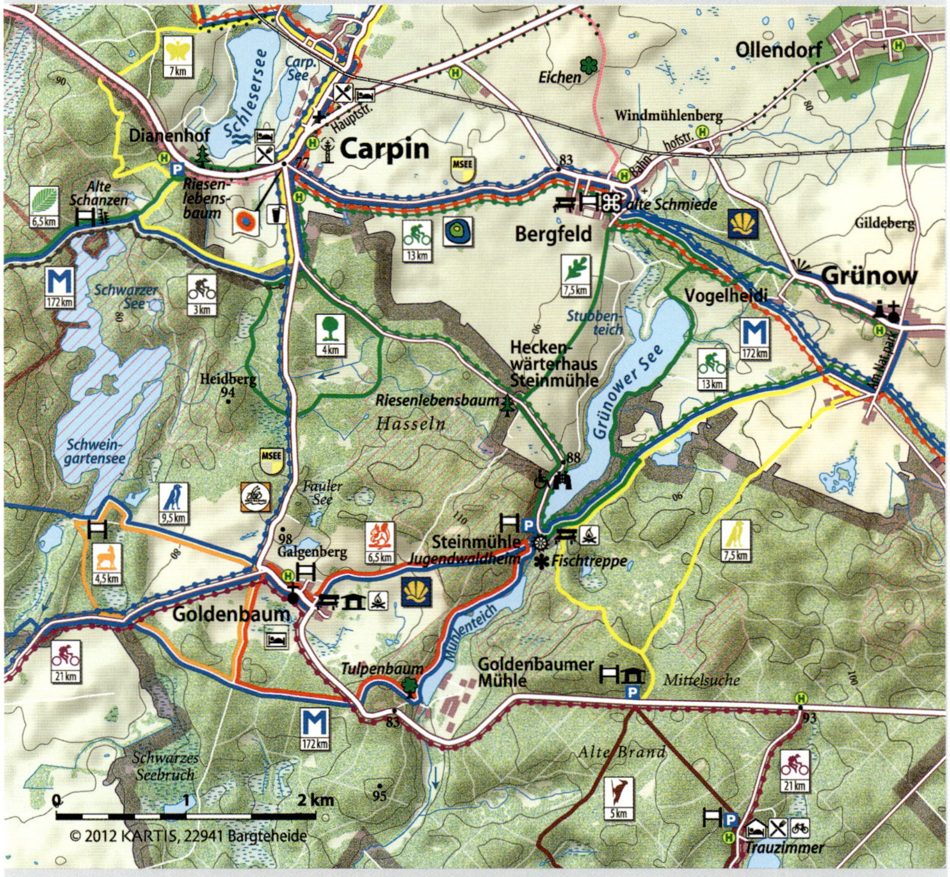

Am südlich der Ortschaft Grünow gelegenen Nationalpark-Eingang beginnt ein Wanderweg (Vogelmarkierung) der durch die Buchenwälder führt, die erst seit etwa 20 Jahren aus der Nutzung genommen wurden und teilweise zur Kernzone des Nationalparks gehören (Seite 69). Im Vergleich zur Serrahner Weltnaturerbefläche sind die Bäume deutlich jünger. Sie erreichen daher nicht die Mächtigkeit der Serrahner Buchen. Auch der Strukturreichtum mit abgebrochenen Stämmen und Totholz ist noch

Seite 132: Wanderfalke, oben: Rotkehlchen, Mitte: Blaumeise, unten: Waldbaumläufer.

Seite 134–135: Eindrücke aus den Serrahner Buchenwäldern.

geringer. Sie stellen den Beginn der langen Entwicklung zum Urwald dar. Der Weg führt ebenfalls über die Steinmühle wieder zurück.
Grünow liegt am Rande des Nationalparks und man kann von hier auch über eine größere Tour zum ältesten Waldschutzgebiet der Region – dem Naturschutzgebiet „Heilige Hallen" – gelangen. Dieses befindet sich nicht mehr im Nationalpark sondern gehört zum Naturpark Feldberger Seenlandschaft. Man biegt am südlichen Dorfende in den unbefestigten Weg nach Osten ein. Nach einem knappen Kilometer erreicht man die Gebäude der ehemaligen Revierförsterei. Der Weg bildet ab hier die Grenze zum Nationalpark. Nach etwa 1 km Fußweg erreicht man die mit 142 m höchste Erhebung des Nationalparks, den Hirschberg. Auch hier gibt es beeindruckende Buchenwälder, die eine Kernzone des Nationalparks bilden. Nach weiteren 1,5 km passiert man ein noch heute gepflegtes Grab eines unbekannten Soldaten des 2. Weltkrieges und erreicht die Goldenbaumer Landstraße am Grünower Stern. Von hier aus sind es nur noch etwa 5 km bis zum NSG „Heilige Hallen" mit dem ältesten Buchenwald Deutschlands. Nur wenige Meter die Goldenbaumer Landstraße in westlicher Richtung weiter ist der Nachbau eines Doppelschleusentores zu sehen, wie sie im ehemaligen Wildgatter vorhanden waren.
Ähnlich wie Grünow liegt das kleine Walddorf Waldsee an der östlichen Grenze zwischen National- und Naturpark, in unmittelbarer Nähe zum Schulzensee, der fast so klar ist wie der Große Fürstenseer See. Etwa um 1900 wurde im Bereich der Oberförsterei Lüttenhagen, zu der auch das Revier Waldsee gehört, ein weiteres großherzogliches Wildgatter eingerichtet, das bis zum Jahr 1945 bestanden hat. Für jagdliche Zwecke wurde ein Jagdhaus errichtet, ähnlich wie das Schweizerhaus in Serrahn. Nach dem Ende des Zweiten Weltkrieges wohnten hier zunächst Umsiedler und Kriegsflüchtlinge. Später wurde es als Wohnheim für Forstlehrlinge genutzt, bevor die Inspektion Staatsjagd über die Gebäude verfügte. Seit einigen Jahren befindet sich hier nach einer Generalsanierung ein idyllisch gelegenes Waldhotel. Am Ostufer des Sees gibt es eine kleine Badestelle. Waldsee eignet sich auch sehr gut für Touren in das Umfeld des Nationalparks, z. B. nach Süden durch eine sehr reizvolle Landschaft bis ins brandenburgische Lychen. Waldsee ist über eine wenig frequentierte Pflasterstraße von Goldenbaum oder Koldenhof bei Feldberg kommend, zu erreichen. Radfahrer können auf einem Sommerweg fahren.

Oben: Serrahner Buchenwald. Seite 138–139: Liegender Buchenstamm mit Zunderschwamm.

Literatur

Borrmann, K. & H. Tempel (2005): Die Wildparks Serrahn & Lüttenhagen. Hrsg. Waldmuseum Lütt Holthus Lüttenhagen. ISBN 3-929192-20-9.

Borrmann, K. & Mitarbeiter, BONITO e. V. (2009): Feldberg-Serrahner Naturparkgeschichte(n). Hrsg. Waldmuseum Lütt Holthus Lüttenhagen. ISBN 3-929192-23-3.

Bundesamt für Naturschutz (BfN): Bonner Thesen zum „Naturerbe Buchenwälder", www.bfn.de/fileadmin/MDB/documents/themen/landwirtschaft/buchenwaldthesen.pdf.

Diekmann, O. & K. Kaiser (1998): Pedologische und geomorphologische Befunde zur historischen Bodenerosion im Müritznationalpark, MV. In: Asmus, I., Porada, H. T. & Schleinert , D. (Hrsg.): Geographische und historische Beiträge zur Landeskunde Pommerns, S. 59–65. Thomas-Helms-Verlag Schwerin.

Doll, R. (1975): Die Flechten des Naturschutzgebietes Serrahn. Das Naturschutzgebiet Serrahn. Neubrandenburg und Serrahn: 48–54.

Doll , R. (1975): Die Moose des Naturschutzgebietes Serrahn. Das Naturschutzgebiet Serrahn. Neubrandenburg und Serrahn: 55–71.

Doll, R. (1975): Zur Pilzflora des Naturschutzgebietes Serrahn. Das Naturschutzgebiet Serrahn. Neubrandenburg und Serrahn: 71–80.

Engelmann, H.-D. (1969): Erster Beitrag zur Wanzenfauna. Natur und Naturschutz in Mecklenburg. Sonderheft: Das Naturschutzgebiet Serrahn: 66–69.

Galz, S. (2004): Vegetationsänderungen in renaturierten Mooren des Müritz-Nationalparks. Diplomarbeit , Fachhochschule Eberswalde, Fachbereich Landschaftsnutzung und Naturschutz.

Grosser, K.-H. (1969): Die Pflanzenwelt auf den Mooren. Natur und Naturschutz in Mecklenburg. Sonderheft: Das Naturschutzgebiet Serrahn: 33–38.

Hackethal, H. (1975): Zur Libellenfauna Serrahns. Das Naturschutzgebiet Serrahn. Neubrandenburg und Serrahn: 85–89

Handke, K. (1975): Die Herpetofauna des Naturschutzgebietes. Serrahn. Das Naturschutzgebiet Serrahn. Neubrandenburg und Serrahn: 90–93.

Härdtle, W. & G. Oheimb, G. (2009): Beziehungen zwischen Struktur und Kryptogamenflora von unbewirtschafteten und bewirtschafteten Buchenwäldern im nordostdeutschen Tiefland. Drosera: Naturkundliche Mitteilungen aus Nordwestdeutschland, 1–2: 45–53.

Hiekel, W. (1969): Überblick über Klima und Hydrologie. Natur und Naturschutz in Mecklenburg. Sonderheft: Das Naturschutzgebiet Serrahn: 23–26.

Höxtermann, E. (2003): Pläne für eine Biologische Station der DAW zu Berlin 1955–1961 – eine Odyssee zwischen Brodowin und Serrahn. Natur und Naturschutz in Mecklenburg-Vorpommern 38: 20–25.

Jenssen, M., Hofmann, G., Rütz, A. & G. Stöcker (2004): Ergebnisse waldkundlicher Selbstorganisationsforschung im NSG Serrahn mit Bedeutung für eine naturnahe Waldbewirtschaftung. Natur und Naturschutz in Mecklenburg-Vorpommern, 38, 43–51.

Hofmann, G. & A. Scamoni (1963): Wälder, Forsten, Ackeraufforstungen und Kahlschlaggesellschaften. In: Messtischblatt Thurow. Wiss. Abh. DAL 56, Akademie Verlag Berlin: 167–229.

Jeschke, L. (1969): Die Pflanzenwelt der Seen. Natur und Naturschutz in Mecklenburg. Sonderheft: Das Naturschutzgebiet Serrahn: 39–47.

Jeschke, L. & C. Paulson, (2001): Revitalisierung von Kesselmooren im Serrahner Wald (Müritz-Nationalpark). In: Succow, M. & H. Joosten, (Hrsg.): Landschaftsökologische Moorkunde: 523–528; Stuttgart.

Karbe, W. (1941): Der Wildpark und das Schweizerhaus landschaftlich und geschichtlich dargestellt von W. Karbe im November 1941, handschriftl. Manuskript 70 S., Karbe-Wagner-Archiv Neustrelitz.

Karbe, W. (2009): Walter Karbes Kulturgeschichte des Landes Stargard von der Eiszeit bis zur Gegenwart. Herausgegeben von G. Tschepego und P. Schüßler. Thomas Helms Verlag Schwerin.

Klafs, G., H. Müller & H. Weber (1981): Zum Einfluss der Witterung während der Brutzeit auf großräumige Abundanzänderungen waldbewohnender Singvogelgruppen. Arch. Naturschutz und Landschaftsforschung, Berlin 21 (4): 227–240.

Klenke, R., Biedermann, M., Keller, M., Lämmel, D., Schorcht, W. Tschirschke, A., Zillmann, F. & F. Neubert (2004): Habitatansprüche, Strukturbindung und Raumnutzung von Vögeln und Säugetieren in forstwirtschaftlich genutzten und ungenutzten Kiefern- und Buchenwäldern. Beitr. Forstwirtsch. u. Landsch.ökol. 38 (2004)2: 102–110.

Küster, M., Schult, M., Schwabe, M. (2010): Mückengrund – Die Pommersche Haupteisrandlage bei Serrahn, Mecklenburg-Vorpommern: Überblick zur Geologie, Geomorphologie, Boden, Vegegtationsentwicklung und Landnutzungsgeschichte. In: Lampe, R., Lorenz,S. (Hrsg.): Eiszeitlandschaften in Mecklenburg-Vorpommern. Exkursionsführer zur 35. Hauptversammlung der Deutschen Quartärvereinigung, September 2010 Greifswald.

Manke, I. & Ch. Stubbe (1999): Die Raumnutzung durch Damwild im Müritz-Nationalpark, Teil Serrahn. Beitr. z. Jagd- und Wildforschung 24: 247–259.

Mauersberger, R. (2005): Libellen im Müritz-Nationalpark – Bestandserfassung und Vorbereitung eines Monitorings, Teilgebiet Serrahn. Werkvertrag im Auftrag des Nationalparkamtes, unveröff. Bericht.

Meßner, G. (2009): Geschichte der Müritz-Nationalparkregion. 208 S., Förderverein Müritz-Nationalpark.

Müller, H. M. (1962): Pollenanalytische Untersuchungen im Bereich des Messtischblatts Thurow/Südostmecklenburg. Diss. Math.-Nat. Fak. Martin-Luther-Universität Halle-Wittenberg; Halle/Saale.

Müller, H. (1979): Zum Vorkommen der Rotdrossel, Turdus iliacus, in Mecklenburg anhand von Fangergebnissen im Naturschutzgebiet Serrahn während der Aktion Baltic. Orn. Rundbrief Meckl. N.F. 21: 50–55.

Müller, H. (1982): Analyse biometischer Daten von Waldlaubsängern (*Phylloscopus sibilatrix*), Sommergoldhähnchen (*Regulus ignicapillus)* und Zwergschnäppern (*Ficedula parva*) aus dem NSG Serrahn. Orn. Rundbrief Meckl. N.F. 25: 59–69.

Nowak, E. (2006): Hubert Weber (1917–1997) – Erinnerungen an den ehemaligen Naturschutzbeauftragten des Bezirkes Neubrandenburg und Leiter der Biologischen Station Serrahn. In: Studienarchiv Umweltgeschichte Neubrandenburg 11: 12–20.

Oheimb, G. von, A. Friedel, C. Westphal & W. Härdtle (2004): Untersuchungen zur Struktur und Dynamik der Serrahner Buchenwälder. Natur und Naturschutz in Mecklenburg-Vorpommern, 38: 52–64.

Palissa, A. (1975): Die Fischfauna des Schweingarten- und Großen Serrahnsees und ihre ökologischen Grundlagen. Das Naturschutzgebiet Serrahn. Neubrandenburg und Serrahn: 36–47.

Prill, G. (1975): Erfahrungen bei der Trappenaufzucht in Serrahn. Natur und Naturschutz in Mecklenburg. Sonderheft: Das Naturschutzgebiet Serrahn: 100–101.

Prill, H. (1975): Populationsentwicklung einiger Kleinsäuger. Das Naturschutzgebiet Serrahn. Neubrandenburg und Serrahn: 102–112.

Prill, H. (1979): Der Greifvogelbestand im NSG Serrahn und Umgebung. Ornithologischer Rundbrief Mecklenburgs. Neue Folge, 21: 45–72.

Prill, H. (1981): Siedlungsdichte und Bestand des Kolkraben in Mecklenburg. Orn. Rundbrief Meckl. N.F. : 12–15.

Prill, H. (1989): Die Hohltaube im NSG Serrahn. Orn. Rundbrief Mecklenburg H. 32: 37–41.

Prill, H. (1991): Untersuchungen an Spechten und deren Bedeutung für andere höhlenbewohnende Vögel im Naturschutzgebiet Serrahn. Orn. Rundbrief Meckl.-Vorp. 34: 52–65.

Rowinsky, V. (2003): Erfassung von Mooren im Nationalpark Müritz. IHU Geologie und Analytik Groß Upahl im Auftrag des Nationalparkamtes Müritz, unveröffl.

Rowinsky, V., Kobel, J. (2011): Erfassung, Bewertung und Wiedervernässung von Mooren im Müritz-Nationalpark. In: Telma, Beiheft 4: 49–72.

Scamoni, A. (1963): Natur, Entwicklung und Wirtschaft einer jungpleistozänen Landschaft dargestellt am Gebiet des Meßtischblattes Thurow (Krs. Neustrelitz) Teil I. Berlin.

Schauer, W. (1974): Beitrag zur Erarbeitung von ökologisch begründeten Pflegeprinzipien für NSG mit Laub-Nadelholzbestockungen im Pleistozängebiet der DDR. Arch. Naturschutz und Landschaftsforschung 14: 95–116.

Schauer, W. (1975): Waldkundliche Charakterisierung ausgewählter Untersuchungsflächen mit Hilfe von Bestockungsprofilanalysen. Das Naturschutzgebiet Serrahn. Neubrandenburg und Serrahn: 120–135.

Schiemenz, H. (1975): Zur Grad- oder Geradflüglerfauna (Orthoptera) des Naturschutzgebietes Serrahn. Das Naturschutzgebiet Serrahn. Neubrandenburg und Serrahn: 81–84.

Schiemenz, H. (1976): Zur Zikadenfauna von Heide- und Hochmooren des Flachlandes der DDR. Faun. Abh. Mus. Tierkunde Dresden 6: 39–54.

Schmidt, H. (1969): Zur Geomorphologie. Natur und Naturschutz in Mecklenburg. Sonderheft „Das Naturschutzgebiet Serrahn", 17–22, Abb. S. 19.

Schröcker, S. (2011): Die Ausbreitungsentwicklung der gebietsfremden Spätblühenden Traubenkirsche (*Prunus serotiva* Ehrh.) im Müritz-Nationalpark. Diplomarbeit, TU Dresden, Fak. Forst-, Geo- und Hydrowissenschaften.

Siefke, A. (1964): Die Entwicklung eines Höhlenbrüterbestandes 1955–1963. Aufsätze zu Vogelschutz und Vogelkunde: 20–36

Siefke, A., Stubbe, C., & J. Goretzki, (2004): Das ehemalige Wildforschungsgebiet Serrahn 1957–1990. Beiträge zur Jagd- und Wildforschung 29: 115–123.

Spieß, R. (1989): Beiträge zur Populationsökologie und Ableitung von Verfahren zur Erhaltung ausgewählter naturschutzrelevanter Pflanzenarten. Diss. A, ILN der AdL der DDR, Halle.

Spieß, R. (1991): Beiträge zur Ökologie und Ableitung von Verfahren zur Erhaltung von *Drosera anglica* Huds. und *Scheuchzeria palustris* L., Arch. Naturschutz und Landschaftsforschung, Berlin 31 (3): 163–180.

Spieß, R. (1991): Beiträge zur Ökologie und Ableitung von Verfahren zur Erhaltung von *Linnaea borealis* L. und *Hyperzia selago* (L.) C.F.P. MARTIUS. Arch. Naturschutz und Landschaftsforschung Berlin 31 (4): 217–233.

Spieß, H.-J. (1988): Ergebnisse ökologischer Untersuchungen an Hecht (*Esox lucius* L.) und Plötze (*Rutilus rutilus* L.) in Seen des Naturschutzgebietes Serrahn im Kreis Neustrelitz. Fortschritte der Fischereiwirtschaft 7: 119–131.

Spieß, H.-J. (1989): Ergebnisse der Zustandsanalyse einiger Seen des Naturschutzgebietes Serrahn, Kreis Neustrelitz. Acta hydroch. Hydrobiol. Bd. 17 (5): 507–523.

Spieß, H.-J. & A. Waterstraat (1989): Ergebnisse der Kartierung der Rundmäuler und Fische der DDR (einheimische Arten des Süßwassers). Arten- und Biotopschutz 2. Ichthyolog. Tag, GNU Feldberg: 11–31.

Spieß, H.-J., Weißflog, L., Skacelova, O. & K. Wienhold, (1994): Zustandsanalyse des Schweingartensees in der Kernzone des Nationalparks Müritz, Teilgebiet Serrahn (Kreis Neustrelitz, Mecklenburg-Vorpommern) Arch. Naturschutz und Landschaftsforschung Vol 33: 165–186.

Spieß , H.-J. & A. Waterstraat, (1990): Results to the ecology of endangered species of fish and cyclostomes from three streams of northern and central Germany. Int. Revue ges. Hydrobiol. 75: 619–638.

Spieß, H.-J. & G. Klafs, (2004): Zur Geschichte der Biologischen Station Serrahn. Natur und Naturschutz in Mecklenburg-Vorpommern 38: 8–19.

Spieß, H.-J., P. Bolbrinker, F. Möbius & A. Waterstraat (2010): Ergebnisse der Untersuchungen submerser Makrophyten in ausgewählten Gewässern Mecklenburg-Vorpommerns. Sonderheft Bot. Rundbrief f. Meckl. –Vorpommern 47: 4–182.

Spieß, H.-J. (2012): Die Serrahner Buchenwälder – ein Weltnaturerbe. Labus, 35, S. 3–23.

Spieß, H.-J. (2013): Das Weltnaturerbegebiet Serrahn – vom Großherzoglichen Wildpark zum Nationalpark, Artenschutzreport Heft 31, Jena.

Stubbe, M. (2002): H. Stubbe – Im Frieden für Wahrheit und Fortschritt – Engagement für Bewahrung und Nutzung von Naturressourcen. Beiträge zur Jagd- und Wildforschung, Bd. 27: 79–124.

Stüve, P. (2010): Die Wasserhaushaltssituation der letzten 40 Jahre im Raum der Mecklenburger Kleinseenplatte. In: Kaiser, K., Libra, J., Merz, B., Bens, O. & R. F. Hüttl, (Hrsg.): Materialien zur Konferenz „Aktuelle Probleme zum Wasserhaushalt von Nordostdeutschland: Trends, Ursachen, Lösungen".- Scientific Technical Report 10/10: 206–211; Potsdam.

Succow, M. & L. Jeschke (1990): Moore in der Landschaft. Urania-Verlag Leipzig, Jena, Berlin.

Succow, M., L. Jeschke und H. D. Knapp (2001): Die Krise als Chance, Findling-Verlag.

Tempel, H. (2003): Wald- und Nutzungsgeschichte. Kap. III des Abschlußberichtes zum BMBF Projekt Nr. 0339756 „Sukzessionsforschung in naturnahen Buchenwäldern mit langjährig ungestörter Walddynamik im Nordostdeutschen Tiefland" Projektverbund Universität Lüneburg.

Tempel, H. (2004): Die Waldentwicklung in den Serrahner Bergen bis zur Einrichtung des Wildparks Serrahn 1849. In: Zur Geschichte der Biologischen Station Serrahn. Natur und Naturschutz in Mecklenburg-Vorpommern 38: 26–33.

Ulbricht, J. (2004): Ornithologische Forschungen in Serrahn. Zur Geschichte der Biologischen Station Serrahn. Natur und Naturschutz in Mecklenburg-Vorpommern 38: 85–91.

Waterstraat, A. (1989): Einfluss eines Gewässerausbaus auf eine Population des Bachneunauges Lampetra planeri (BLOCH, 1784) in einem Flachlandbach im Norden der DDR. – Fischökologie 1(2): 29–44.

Weber, H. (1955): Die Vogelschutzstation Serrahn. Vogelwarten und Vogelschutzwarten. 116–124.

Weber, H. (1963): Bestandschwankungen der Brutvogelarten des Forstreviers Serrahn innerhalb eine Dezeniums. In: Scamoni, A. (Hrsg.) Natur, Entwicklung und Wirtschaft einer jungpleistozänen Landschaft dargestellt am Gebiet des Meßtischblattes Thurow (Krs. Neustrelitz) Teil I. Berlin: 321–333.

Weber, H. (1968): Vergleich der Brutvogeldichte in unberührten und forstwirtschaftlich genutzten Buchenwäldern. Arch. Naturschutz und Landschaftsforschung 8: 113–134.

Weber, H. (1975): Beitrag zur Ornis unter Berücksichtigung langjähriger Erhebungen der Aktion Baltic. In: Das Naturschutzgebiet Serrahn. Neubrandenburg und Serrahn: 94–99.

Weißflog, L., Wienhold, K., Martinetz, D., Wenzel, K.-D. & H.-J. Spieß (1990): Bioverfügbarkeit von Schwermetallen in Seen unterschiedlichen Huminstoffgehaltes – Beeinflussung der Schwermetallaufnahme in Wasserpflanzen. UMSF Z. Umweltchem. Ökotox. Landsberg 2 (1990) 3: 126–129.

Wernicke, P. (1990): Der Einfluss des Wetters auf den herbstlichen Zug nordischer Gänse (*Anser albifrons* und *A. fabalis*). Acta ornithoecol. 2: 181–186.

Wernicke, P. (1990): Zug und Überwinterung von Saatkrähen (*Corvus frugilegus*) und Dohlen (*Corvus monedula*) in der DDR. Beitr. z. Vogelkunde 36: 1–9.

Wernicke, P. (2002): Anforderungen an den Naturschutz im Wald. Naturschutzarbeit in Mecklenburg-Vorpommern. H. 1, 45. Jg., S. 1–8.

Wernicke, P. (2004): Prognose der Entwicklung der Buchenaltbestände im Naturpark Feldberger Seenlandschaft (Mecklenburg-Vorpommern) und Konsequenzen für den Naturschutz. Naturschutzarbeit in Mecklenburg-Vorpommern. H. 1, 47. Jg., S. 16–6.

Wernicke, P. (2005): Entwicklung der Buchenwälder im Naturpark Feldberger Seenlandschaft (Mecklenburg-Vorpommern) und Auswirkungen auf das Vogelartenspektrum. Naturschutzarbeit in Mecklenburg-Vorpommern. H. 2, 48. Jg., S. 63–69.

Wernicke, P. (2009): Großflächige Erfassung des Zwergschnäppers *Ficedula parva* im nordostdeutschen Tiefland (Naturpark Feldberger Seenlandschaft und Müritz-Nationalpark). Vogelwelt 130: 183–188.

Sammelwerke

Das Naturschutzgebiet Serrahn (1969): Sonderheft der Schriftenreihe, 132 S., Natur und Naturschutz in Mecklenburg, Stralsund und Neubrandenburg.

Das Naturschutzgebiet Serrahn (1975): Ergebnisse der Forschung an einem Naturschutzgebiet mit vielfältiger Naturausstattung und komplexer Aufgabenstellung, 166 S., Neubrandenburg und Serrahn.

Serrahnwanderung (2002). Hrsg. NABU Deutschland, Kreisverband Mecklenburg-Strelitz. Labus Sonderheft 4: 3–90.

50 Jahre Forschung in Serrahn (2003): Herausgeber I. L. N. Greifswald. In: Natur und Naturschutz in Mecklenburg-Vorpommern, Bd. XXXVIII herausgegeben 2004, ISSN 1430–3361.

Nationalparkplan für den Müritz-Nationalpark (2003): Herausgeber Landesamt für Forsten und Großschutzgebiete Mecklenburg-Vorpommern Malchin und Nationalparkamt Müritz, Hohenzieritz.

Anmeldung „Alte Buchenwälder Deutschlands" als Erweiterung des Weltnaturerbes Buchenurwälder der Karpaten („Primeval Beech Forests of the Carpathians" ID-Nr. 1133) Nominierungsdossier für die UNESCO zur Eintragung in die Welterbeliste (2009): Lenkungsgruppe der Länder Brandenburg, Hessen, Mecklenburg-Vorpommern und Thüringen mit dem Bundesministerium für Umwelt, Naturschutz und Reaktorsicherheit und dem Bundesamt für Naturschutz. Nationale Naturlandschaften.

Anhang

Zeittafel

Entwicklung des Gebietes und der Naturschutzforschung

1849 Errichtung des Wildparks Serrahn und Gatterung der Fläche auf Anweisung des Großherzogs Georg von Mecklenburg-Strelitz.

1920 Auflösung des Wildparks der Großherzöge, in den Folgejahren teilweise Öffnung des Wildzaunes und Zusammenlegung der Wildparke Zinow (Serrahn) und Lüttenhagen (westlich Feldberg).

1939 Der Heimatforscher Walter Karbe aus Neustrelitz entdeckt die alte Dorfstelle Saran am südwestlichen Ufer des Großen Serrahnsees und beginnt mit den Grabungsarbeiten, die bis in die 1950er Jahre anhalten.

1941 W. Karbe veröffentlicht eine zusammenfassende Darstellung des Wissens über die Geschichte Serrahns, beschreibt das Gebiet und formuliert Positionen zu dessen Schutz.

1945 In den letzten Maitagen erreichen die Kriegsfolgen Serrahn, das Schweizerhaus und Nebengebäude wurden ein Opfer der Flammen und lagen in Schutt und Asche.

1949 Das Forstrevier Serrahn wird zum Vogelschutzrevier (Bekämpfung von Forstschadinsekten durch Singvögel) erklärt und Hubert Weber nimmt die Tätigkeit als Revierförster auf.

1952 Antragstellung zur Ausweisung des Naturschutzgebiets „Großer Serrahn und Schweingartensee".

1953 Die Vogelschutzstation Serrahn wird als Außenstelle der Vogelschutzwarte Seebach der Biologischen Zentralanstalt der Deutschen Akademie der Landwirtschaftswissenschaften (DAL) gegründet.

1955 Beginn der Herausgabe des „Ornithologischen Rundbriefes Mecklenburg" mit Redaktion in Serrahn (bis 1991). Serrahn wird zum Mittelpunkt der ornithologischen Arbeit in

Mecklenburg.

1956/57 Gründung der Arbeitsgemeinschaft Jagd- und Wildforschung der DAL und Bildung des Wildforschungsgebietes Serrahn-Zinow.

1960 Serrahn wird als Biologische Station der Vogelschutzwarte Seebach bezeichnet. Der Vorschlag von Prof. Hans Stubbe, diese an die Deutsche Akademie der Wissenschaften anzugliedern, gelingt nicht.

1963 Als Ergebnis einer interdisziplinären Forschungsarbeit unter Leitung von A. Scamoni (Eberswalde) mit Stützpunkt in Serrahn erscheint der erste Teil der Monografie über das Meßtischblatt Thurow.

1964 Die Biologische Station Serrahn wird an das Institut für Landschafsforschung und Naturschutz (ILN) der DAL in Halle angegliedert.

1968 Beginn der Teilnahme der Biologischen Station an der Action Baltic, einer Gemeinschaftsarbeit mehrerer Ostseeländer zu einem ersten großräumigen Vogelbestands-Monitoringprogramm.
Erste erfolgreiche Aufzucht und Freilassungsversuche der Großtrappe in Deutschland in Serrahn/ Prenzlau.

1974 Im ILN wird ein Forschungsschwerpunkt „Populationsökologie naturschutzrelevanter Tier- und Pflanzenarten" gebildet, in dessen Programm die Biologische Station Serrahn einbezogen wird.

1977 Gründung der Naturschutzstation Serrahn als Leiteinrichtung für die Koordinierung eines Netzes von Stationen im Bezirk Neubrandenburg.

1981 Erweiterung des Naturschutzgebietes auf eine Größe von 1818 ha und Umbenennung in NSG „Serrahn". Beginn der Moorrenaturierungsarbeiten zum Schutz des Schweingartensees und der Moore.

1982 Hubert Weber geht in den Ruhestand und Dr. Hans-Jürgen Spieß übernimmt die Leitung der Station. Einstellung weiterer wissenschaftlicher Mitarbeiter und Beginn der Forschungstätigkeit zu den Schwerpunkten Gewässerökosysteme, Artenschutz bei Fischen und Neunaugen sowie Populationsökologie von Pflanzen.

1986 Ausgehend von der Auflösung der Naturschutzstation Serrahn kommt es in der Folgezeit zu Auseinandersetzungen mit der Inspektion Staatsjagd, die die Betreuung des NSG übernimmt, die Behandlungsrichtlinie in ihrem Interesse überarbeitet und in Teilen der bisherigen Totalreservate die Wiederaufnahme der Holznutzung vorbereitet.

1986 Beginn der Arbeiten zu einem DDR-weiten Monitoringprogramm gefährdeter Fischarten und Gewässerlebensräume. Abschluss von Kooperationsvereinbarungen mit der Oberflussmeisterei Neubrandenburg, dem VEB Binnenfischerei Neubrandenburg und der Forschungsstelle für toxikologische Chemie Leipzig der Akademie der Wissenschaften der DDR.

1987 Erhebliche Verkleinerung der Totalreservatsfläche auf Betreiben der Inspektion Staatsjagd.

1989 **November**: Der Zwirnsee wird zum Gewässertotalreservat erklärt und die Biologische Station setzt die Einstellung der Einschlagsarbeiten in den ehemaligen Totalreservatsflächen durch. Dr. Spieß führt erste Gespräche mit Prof. Succow zur Problematik des zukünftigen Status des NSG Serrahn. Staatsjagdforum in Waren mit der Forderung nach Schaffung eines Müritz-Nationalparks.
Dezember: Vorschlag der Bürgerinitiative in Waren zur Erarbeitung des Nationalparkprogramms an die DDR-Regierung.

1990: **Januar**: Prof. Dr. M. Succuw wird Stellv. Umweltminister und beginnt die Arbeit am Nationalparkprogramm.
März: Entwurf des Nationalparkprogramms (Aussagen zum NSG Serrahn waren nicht enthalten) und einstweilige Sicherung der vorgeschlagenen Gebiete.
April: Beginn der Arbeiten zur Ausweisung eines Buchenwald-Nationalparks „Serrahn" und der Naturparke Feldberger Seenlandschaft und Krakower Seenlandschaft/ Nossentin-Schwinzer Heide durch die Biologische Station.

Bildung des Aufbaustabs für den Müritz-Nationalpark in Waren.
Mai: Forschungsgruppen des ILN, darunter die Mitarbeiter der Biologischen Station erhalten den Auftrag, den Entscheidungsprozeß zur endgültigen Ausweisung der Gebiete des Nationalparkprogramms wissenschaftlich zu begleiten. Prüfung der Vorstellungen der Bezirksverwaltungsbehörde Neubrandenburg hinsichtlich der Bildung eines Biosphärenreservats zwischen Serrahn und Feldberg.
Juli: Vorschlag seitens der Biologischen Station an das Umweltministerium der DDR „Serrahn" als separate Teilfläche in den Müritz-Nationalpark einzubeziehen. Beginn der gemeinsamen Arbeit mit der Aufbauleitung in Waren an der Ausweisung des Müritz-Nationalparks.
September: Verabschiedung des NLP Programms und Ausweisung des Müritz-Nationalparks mit dem Teilgebiet Serrahn durch den Ministerrat der DDR.

1991 **Juni**: Evaluierung des ILN mit dem Vorschlag des Wissenschaftsrates, die Biologische Station als Außenstelle der BfANL (jetzt Bundesamt für Naturschutz BfN) mit dem Schwerpunkt Populationsökologie weiter zu führen.
Verabschiedung der Waldbehandlungsrichtlinie für Nationalparke und allmähliche Vergrößerung der Kernzone.
Mit Wirkung vom 31. **Dezember** beendet die Biologische Station Serrahn ihre Tätigkeit entsprechend dem Einigungsvertrag.

1993/94 Bestanderfassung der Moore und Fortsetzung der Renaturierungsmaßnahmen.

1996 Die Forst- und Naturschutzverwaltungen in den Nationalparken von Mecklenburg-Vorpommern werden zusammengelegt.

1998 Ausweisung von Jagdruhezonen.

2007 Aufnahme einer Teilfläche des Serrahner Gebiets in die Weltnaturerbeliste der UNESCO beantragt.

2011 Anerkennung des Weltnaturerbegebietes Alte Buchenwälder Deutschlands mit dem Teilgebiet Serrahn durch die UNESCO.

Seite 147: Seeadler mit Beute

Glossar

AdL: Akademie der Landwirtschaftswissenschaften der DDR (früher DAL: Deutsche Akademie der Landwirtschaftswissenschaften), eine dem Ministerium für Land-, Forst- und Nahrungsgüterwirtschaft zugeordnete Forschungseinrichtung mit mehreren Tausend Wissenschaftlern, die in zahlreichen Instituten in den Bereichen Landwirtschaft, Forstwirtschaft und Naturschutz tätig waren. Dazu gehörte auch das 1953 gegründete Institut für Landschaftsforschung und Naturschutz (ILN) mit Sitz in Halle/Saale. Seit 1964 gehörte die Biologische Station Serrahn zum ILN.

Bezirk Neubrandenburg: Struktur- und Verwaltungseinheit der DDR, etwa vergleichbar mit heutigen Regierungsbezirken einiger Bundesländer, die von 1952–1990 mit Verwaltungssitz in der Stadt Neubrandenburg existierte. Dazu gehörten große Teile des ehemaligen Großherzogtum Mecklenburg-Strelitz, das 1701 durch den „Hamburger Vergleich" gebildet wurde und neben dem Großherzogtum Mecklenburg-Schwerin bis 1918 bestand. Residenzstadt bzw. Regierungssitz war Neustrelitz.

Diversität bzw. **Biodiversität**: Beschreibung für die Vielfalt von Arten, deren genetischer Ausstattung und der Lebensräume. Der Begriff der Biodiversität findet zunehmend Verwendung in der internationalen und nationalen Umwelt- und Naturschutzpolitik. Ziel ist die Erhaltung und nachhaltige Nutzung der Vielfalt der Natur auf allen Ebenen. Die größten Gefahren gehen dabei von dem durch Lebensraumzerstörung oder –verkleinerung ausgelöstem Artensterben aus.

Eiszeit: Kältephasen in der Geschichte der Erde, in denen die Durchschnittstemperatur in großen Teilgebieten unter den Gefrierpunkt fiel. Die letzte große Eiszeit (Pleistozän) begann vor mehreren Hundertausend Jahren, dabei waren bis zu ein Drittel der Erdoberfläche vereist und der Meeresspiegel bis zu 100 m abgesenkt. Die letzte Vereisungsphase, die so genannte „Weichsel-Kaltzeit", begann vor ca. 115.000 Jahren und verlief mit mehreren großen Eisvorstößen. Einer der letzten reichte mit der „pommerschen Eisrandlage" bis zum Serrahner Gebiet und gestaltete dessen Geländeformen. Diese „Eiszeit" endete etwa vor 12.000 Jahren.

Eutrophierung: Zunahme des Nährstoffgehalts z.B. eines Gewässers oder des Waldbodens. In der Regel handelt es sich um einen sehr langsam ablaufenden natürlichen Prozess, der durch menschliche Aktivitäten wesentlich beschleunigt wird. Bei den Gewässern erfolgt die Eutrophierung z. B. durch Nährstoffzufuhr vor allem von Phosphaten und Nitraten infolge Überdüngung der Felder oder Abwässereinflüsse und damit des zufließenden Oberflächen- oder Grundwassers und der Einträge aus der Luft.

Glaziale Serie: Geländebildungen der Eisvorstöße; unter dem Gletscher bildeten sich die Grundmoränen, die Gletscherzungen türmten an ihren Rändern meist bogenförmige, wallartig sich im Gelände erhebende Endmoränen auf. Durch abströmendes Schmelzwasser wurden diese an so genannten Gletschertoren durchbrochen und mitgeführtes sandiges und kiesiges Bodenmaterial bildeten den Endmoränen vorgelagerte Sanderflächen. Diese sind im Bereich Fürstensee bis über 20 m mächtig.

Monitoring: In regelmäßigen Abständen mit Hilfe vorgegebener Untersuchungsverfahren durchgeführte Beobachtung von bestimmten Merkmalen oder Eigenschaften, die Aussagen über die Entwicklung von Arten, Lebensräumen oder Landschaften ermöglichen.

Mudden und Torfe: Mudden sind umgangssprachlich als Schlamm bezeichnete in Seen abgelagerte Sedimente mit größeren Anteilen an Humusstoffen. Beim Torf handelt es sich um in Mooren unter Luftabschluß abgelagertes, unvollständig zersetztes Pflanzenmaterial. Bei diesem Abbauprozeß kommt es als Zwischenschritt zur Bildung von Huminsäuren, die eine braunschwarze Färbung des Moorwassers bzw. des Torfs verursachen.

Naturschutzgebiet, Nationalpark und Naturpark: Naturschutzgebiete (NSG) sind rechtsverbindlich festgesetzte Gebiete zum Schutz von seltenen Arten und Lebensräumen sowie bedrohten Landschaften. Bei den Nationalparken (NP) handelt es sich um sehr große, ökologisch besonders wertvolle Schutzgebiete, deren Ausweisung auf internationalen Richtlinien basiert. Diese fordern z. B., dass die natürliche Entwicklung auf ca. 75 % der Fläche möglich ist. In deutschen Nationalparken werden diese Kriterien in der Regel nicht eingehalten, da auf größeren Flächen Nutzungen wie z. B Jagd und Forstwirtschaft stattfinden. Der Yellowston-Nationalpark, als ältester NP der Welt, wurde 1872 in den USA gegründet. In Deutschland gibt es 14 Nationalparke, davon drei in Mecklenburg-Vorpommern. Naturschutzgebiete sind in der Regel wesentlich kleiner. In Deutschland unterliegen Naturschutzgebiete vielfältigen Nutzungseinflüssen.
Naturparke sind ähnlich großräumige oder größere Gebiete wie Nationalparke. Sie sind kulturell geprägt und unterliegen vielfältigen Nutzungen, die im Gegensatz zu den anderen Schutzkategorien nicht oder nur sehr geringfügig eingeschränkt sind.

Plankton und höhere Wasserpflanzen: In den Seen leben nebeneinander zwei verschiedene Pflanzengesellschaften. Die im Freiwasser lebenden, zumeist mikroskopisch kleinen, oft einzelligen bezeichnet man als Phytoplankton, wie Grün- oder Blaualgen (daneben gibt es auch von kleinen Tieren gebildetes Zooplankton). Deutlich auffälliger sind dagegen die höheren Wasserpflanzen, zu denen in unseren Gewässern verschiedene Artengruppen gehören. Manche Arten wie Seerosen oder einige Laichkräuter können neben Unterwasserblättern auch solche bilden, die auf der Wasseroberfläche schwimmen. Andere Arten, wie die Armleuchteralgen, bleiben vollständig unter Wasser, sie werden als submerse Makrophyten bezeichnet. Die Tiefe, bis zu der Wasserpflanzen existieren können (UMG-untere Makropytengrenze genannt), hängt von der Klarheit des Wassers und damit der Eindringtiefe des Lichtes ab. Als Faustregel gilt, dass ab einer Tiefe, bei der die Lichtenergie weniger als 1 % der Energiemenge an der Oberfläche beträgt, keine höheren Wasserpflanzen mehr gedeihen. Als Merkmal für die Klarheit des Wassers kann man die Sichttiefe bestimmen.

Population: Alle Individuen einer Art, die in einem bestimmten Lebensraum vorkommen. Die territoriale Abgrenzung des Lebensraumes kann dabei sehr stark variieren. So kann z. B. von der Schwarzspechtpopulation des Serrahner Gebietes oder Deutschlands gesprochen werden.

Rote Listen: Bedeutende Instrumente des Naturschutz in denen Verzeichnisse von Arten z. B. der Vögel oder von Lebensräumen enthalten sind, die Informationen bzw. Einschätzungen über den Gefährdungsstand (ausgestorben, verschollen oder gefährdet) enthalten.

Seentypen: Seen als größere stehende Gewässer werden nach unterschiedlichen Merkmalen klassifiziert, z. B. nach ihrer Morphologie in Flachseen und Tiefe Seen, nach ihren Nährstoffgehalt in nährstoffarme oder nährstoffreiche Seen oder nach der Durchsichtigkeit des Wassers in Klarwasserseen oder Braunwasser- bzw. dystrophe Seen. Die Klarwasserseen haben eine große Sichttiefe und sind meist nährstoffarm. Bei den Braunwasserseen handelt es sich um durch Torfeinfluss und Huminstoffe braun gefärbte Seen. In Mitteleuropa handelt es sich zumeist um durch Moorbildungen verlandete Restgewässer (Schwarzer See) oder durch entwässerte Moore belastete Seen (Schweingartensee). Infolge der Lichtabsorption durch die Huminstoffe und damit reduzierter Eindringtiefe der Lichtenergie ist die Besiedlungsgrenze durch Wasserpflanzen bei etwa 1m erreicht.

Totalreservate (in Nationalparken als Kerngebiet oder Kernzone bezeichnet) sind besonders geschützte Gebiete, z. B. Wälder, Seen oder Moore, in denen der ungestörte Ablauf natürlicher Prozesse gesichert ist und keine Nutzungen bzw. Eingriffe erfolgen. In der Forstwirtschaft sind dafür auch die Begriffe Naturwaldzelle oder Bannwald gebräuchlich.

Abbildungen

Die Abbildungen und Fotos wurden von den Autoren erstellt. Ausnahmen bilden:

S. 10 Porträt Karbe KWA (Karbe-Wagner-Archiv Neustrelitz)
S. 11 Kirsten Grünewald (Glaziale Serie aus „natürlich Berlin")
S. 17 Sarangrabung KWA
S. 20 Willertsmühle KWA
S. 21 Großherzog KWA
S. 22 Schweizerhaus KWA
S. 28 Ansicht Serrahn KWA
S. 29 Serrahn KWA
S. 29 Dorfstraße Serrahn (oben) Archiv Dr. Götze
S. 31 Bewirtung Serrahn Archiv Dr. Götze
S. 36 H. Weber Archiv Familie Weber
S. 36 H. Stubbe Archiv Prof. M. Stubbe
S. 39 Vogelberingung H. Müller
S. 41 H. Tempel (2003), Abb. 15, S. 103, Bearbeitet von R. Bär
S. 43 H. Prill Archiv Fam. Demmig, Chemnitz
S. 49 Nominierungsdossier Alte Buchenwälder Deutschlands, S. 28, (nach WELK/DINES in Preston et al. 2003)
S. 55 Nominierungsdossier Alte Buchenwälder Deutschlands, S.74, (aus Leibnitzinstitut für Länderkunde, verändert n. MAGRI et al. 2006)
S. 57 Geländeschnitt nach H. Schmidt 1967, bearbeitet von O. Hellmuth 2012
S. 90 Archiv W. Scheffler, Neuglobsow
S. 91 Krebsschere (oben) Dr. A. Waterstraat, Kratzeburg
S. 93 Tiefenkarte Schweingartensee, Ministerium für Landwirtschaft, Umwelt und Verbraucherschutz Mecklenburg-Vorpommern – Seenprogramm (2002), Schwerin
S. 94 Artendiversität, Gewässertiefe u. UMG nach Spieß 2010, bearbeitet von R. Bär
S. 96 Nixkraut M. Feierabend/Berlin, Dr. A. Waterstraat, Kratzeburg
S. 97 Taucher Herr Fahlpahl/Rostock
S. 97 Seepegel Großer Fürstenseeer See Dr. P. Stüve/Neustrelitz
S. 98 und S. 100 Hecht M. Feierabend/Berlin
S. 107 Schwarzer See S. Galz (2004), Eberswalde
S. 109 Pollendiagramm nach H. Müller 1962, bearbeitet von L. Jeschke und R. Bär
S. 123, 129, 133 und hintere innere Umschlagseite: Kartenauszüge, Karte „Müritz-Nationalpark", Klemmer-Verlag

Seite 151: Fuchsfamilie.

Dr. habil. Hans-Jürgen Spieß

Geboren am 28.8.1945 in Sondershausen in Thüringen. Nach dem Studium der Biologie und Chemie an der Pädagogischen Hochschule Güstrow zunächst als Lehrer an einer Erweiterten Oberschule tätig. Nach Aspirantur und Promotion 1974 Oberassistent und stellvertretender Sektionsdirektor für Forschung an der PH Güstrow. 1977 Wechsel zur Akademie der Wissenschaften und Tätigkeit als Wissenschaftlicher Sekretär der Biologischen und der Parasitologischen Gesellschaften der DDR. 1981–1991 Leiter der Biologischen Station Serrahn des ILN Halle mit den Arbeitsschwerpunkten Ökologie der Wälder, Limnologie der Seen sowie Populationsökologie von Fischen. 1986 erfolgte die Habilitation. Wesentlich auf seine Initiative und Vorarbeiten erfolgte die Ausweisung des Nationalparkteils Serrahn. Nach der Abwicklung der Biologischen Station im Dezember 1991 als wissenschaftlicher Mitarbeiter verschiedener Einrichtungen im Bereich der Naturschutzforschung tätig mit den Schwerpunkten Fließ- und Standgewässerökosysteme, Fischartenschutz und Naturschutzmonitoring. Er ist Autor bzw. Mitautor von mehr als 100 Einzelpublikationen und Büchern verschiedener Fachgebiete.

Dr. Peter Wernicke

Peter Wernicke wurde 1958 geboren und studierte an der Humboldt-Universität zu Berlin. Nach Abschluss des Biologiestudiums arbeitete er an der Biologischen Station in Serrahn. Hier beschäftigte er sich zunächst mit ornithologischen Themen, mit denen er auch promovierte. Später nahmen waldökologische Fragestellungen einen breiteren Raum ein. In der Wendezeit arbeitete er mit an der Vorbereitung des Serrahner Nationalparkteils und des Naturparks Feldberger Seenlandschaft. 1990 übernahm er die Leitung des Aufbaustabes für den Naturpark Feldberger Seenlandschaft und nach der Ausweisung dessen Leitung.

Peter Wernicke ist einer der renommiertesten mecklenburger Naturfotografen. Er ist Mitbegründer der Arbeitsgemeinschaft Mecklenburger Tierfotografen und seit 1990 Mitglied der Gesellschaft Deutscher Tierfotografen.

Er ist Autor mehrerer Bücher und hat zahlreiche Fachbeiträge in Büchern und Zeitschriften über eine breite Palette von Naturschutzthemen verfasst.

Seite 153: Gewitterstimmung am Schweingartensee

Herbststimmung in den Serrahner Wäldern.

Summary

Serrahn – World Nature Heritage in the Müritz National Park

In 2011 the ancient beech forests around Serrahn in northern Germany became part of UNESCO's World Nature Heritage forming a part of the "Primeval Beech Forests of the Carpathians and Ancient Beech Forests of Germany" heritage area. However, Serrahn (also part of the Müritz National Park) is not only remarkable for its magnificent, nearly untouched forests, but also for its unique habitats in a variety of lakes and bogs.

In the 19th century the Serrahn forests served as a hunting ground for the Grand Dukes of Mecklenburg-Strelitz. During this time, forestry was limited, so the old beech population was conserved. In the socialist German Democratic Republic (GDR) the forests became a natural preserve, and large parts of it remained uncultivated. Today giant beeches stand side-by-side with sleek young trees striving towards the light. Huge trunks lying on the ground become habitats for a diverse ecological community. The animals, plants, and mushrooms that live here can rarely be found elsewhere today. These ancient beech forests are among the largest forests in Germany that were left to themselves for decades. As a result, they now give an impression of what the primeval forests in this area once looked like.

Other major parts of the National Park around Serrahn are dominated by pine trees – a result of cultivation. These areas serve as a buffer zone around the World Nature Heritage Area. But even there, oaks and beeches are growing again in the shade of pines. They recover their ground without human intervention because birds and other animals spread their seeds. The pine forests will eventually turn back into beech forests – very slowly, but by natural means.

In addition to the forests, lakes and bogs shape the Serrahn area. They originated during the last Ice Age, which left behind distinctive ranges of hills and hollows. Over millennia, lakes and bogs developed in these hollows. The most remarkable is the Schweingartensee, which – at 31 meters – is the deepest in all of Müritz National Park. The largest bog in this part of the park is the Serrahnbruch. From the nearby watchtower, visitors can regularly watch cranes, white-tailed sea eagles, seahawks, and many other bird species. Near the small village of Fürstensee, three low-nutrient clear water lakes – the Hinnensee, Zwirnsee and Fürstenseer See – provide an environment for a wealth of aquatic plants that has become rare in most of Europe.

The evolution of the Serrahn area has been the subject of decades of scientific research. These studies have not only deepened knowledge of the ecological relationships involved in beech forest development, but also produced principles and valuable ideas for renaturating bogs and lakes.

Many walking paths exist throughout the Serrahn area. In the last part of the book, the authors suggest hiking routes and provide maps. A hike from Zinow or Dianenhof to Serrahn, for example, leads partly through the Nature Heritage Area. Another tour between Grünow, Waldsee, and Steinmühle features younger deciduous forests, bogs, and the Grünower See lake. From Fürstensee, visitors can explore clear lakes set in extensive pine forests.

NEUSTRELITZ
spätbarocke Stadtanlage
MÜRITZ-NATIONALPARK
NATURPARK
FELDBERGER SEENLANDSCHAFT
Schulzenhof
Thurow
Thurower See
Thurower Teerofen
Nesselberg
Heckenwärterhaus
Flacher Zinow
Zinow
Ochsenkrug
Ober-zinow
Eiche
Waldelebnispfad
Kiebitz-moor
Priestersee
Teufels-bruch
Kleiner Serrahnsee
Großer Serrahnsee
Greifen-werder
Kesselmoore
See- und Fischadler
Dickeberg
Wurzelberg
Saran
Moorsteg
Alte Schanzen
Serrahn
Serrahner
Zeltberge
Berge
Großes Rohrbruch
Tiefer Zinow
Jäger-pohl
Schäferei-pohle
Gusterpohl
Steiner Berg
Schwarzer See
Schwein-gartensee
Heidberg
Rödliner See
Bulleninsel
Barsbarg
Champagner-insel
Groß Schönfeld
Rödlin Ausbau
Großer Sumpfsee
Kl. Sumpfsee
Georgen-hof
„Teufelsstein"
Hoffel
Carpin
Dianenhof
Schlesersee
Carp. See
Riesen-lebens-baum
Eichen
Windmühlenberg
Bergfeld
alte Schmiede
Stubben-teich
Hecken-wärterhaus Steinmühle
Riesenlebensbaum
Hasseln
Grünower See
Vogelh
Fauler See
Galgenberg
Steinmühle
Jugendwaldheim
Fischtreppe
Goldenbaum
Tulpenbaum
Mühlenteich
Goldenbaumer Mühle
Mittelsuche
Alte Brand
Hirschbruch
Strelitz Alt
Borgwerder
Ruine
Domjüchsee
Stendlitz
Großer Lanz
Kleiner Lanz
Großes Heubruch
Schmidt-see
Floßgraben
Zwirnsee
Hinnensee
Pankower Ort
Großer Fürstenseer See
Fürstensee
Am Burgwall
Försterei Strelitz
Auf den Lehmkuhlen
Sperrgebiet
Plasterinsee
Großer Schmarssee
Herzwolde
Wutschendorf
Schwarzes Seebruch
Schwarzer See
Steutz-see
Lutowsee
Grammertin
Grammertiner Teich
Quadensee
Kleiner Kulowsee
NSG Kulowsee
Großer Kulowsee
Feuerwachturm
Dorfstr. v. 1736
Pfarrsee
Wokuhl
Antikhof
altes Zollhaus
Neubrück
Lychener Str.
Wokuhler Weg
Gnewitz
Eiche
Hassel
Kleiner Keetzsee
Großer Keetzsee
NSG Keetzseen
Hüchsensee
Drewin
Buttersee
UNESCO-Weltnaturerbe „Alte Buchenwälder Deutschlands"
198
96
E 251
172 km